动态数学模型测试建模方法

王跃钢　编著

西安电子科技大学出版社

内 容 简 介

本书系统地介绍了动态数学模型测试建模的概念、理论与应用技术，内容包括建模方法基础知识、建立动态数学模型的频域方法和时域方法、测试数据时间序列分析建模法以及非平稳数据建模方法等。

本书不但注重基础理论的讲解，也注重工程算法的研究。书中的应用实例均取自作者的研究成果。

本书可作为工科高等院校控制类专业高年级本科生和研究生的教材，也可作为该领域科技工作者的参考书。

图书在版编目(CIP)数据

动态数学模型测试建模方法/王跃钢编著．一西安：西安电子科技大学出版社，2012.3

ISBN 978-7-5606-2760-1

Ⅰ.① 动… Ⅱ.① 王… Ⅲ.① 数学模型：动态模型 Ⅳ.① O22

中国版本图书馆 CIP 数据核字(2012)第 023733 号

策　　划　戚文艳

责任编辑　阎　彬　戚文艳

出版发行　西安电子科技大学出版社(西安市太白南路 2 号)

电　　话　(029)88242885　88201467　　邮　　编　710071

网　　址　www.xduph.com　　电子邮箱　xdupfxb001@163.com

经　　销　新华书店

印刷单位　陕西光大印务有限责任公司

版　　次　2012 年 3 月第 1 版　2012 年 3 月第 1 次印刷

开　　本　787 毫米×1092 毫米　1/16　印 张 8

字　　数　181 千字

印　　数　1～2000 册

定　　价　15.00 元

ISBN 978-7-5606-2760-1/O·0126

XDUP 3052001-1

＊＊＊如有印装问题可调换＊＊＊

前　言

建立数学模型是许多科学研究和工程实践的需要。一个良好的数学模型是人们认识系统，进而对系统进行分析和决策的必要条件。在导弹测试控制领域，经常需要对各种各样的测试数据建立数学模型，以进行仿真分析、控制器设计、性能指标计算评定、误差修正补偿、故障诊断和预测预报等。这些建模问题有一个共同特点，就是都需要由测试数据来建立数学模型。

本书以测控工程为应用背景，系统介绍动态系统测试建模的基本理论及其应用技术，重点介绍比较成熟且常用的系统，特别是线性系统的测试建模理论与应用技术。全书共分6章。第1章概述，介绍动态数学模型测试建模问题的起源、一般数学模型的分类以及建模方法。第2章建模方法基础知识，介绍本书用到的主要建模基础知识。第3章建立动态数学模型的频域方法，介绍给定传递函数模型结构，由频率特性数据估计传递函数参数的方法，给出由瞬态响应求传递函数的两步法的基本思想和步骤，并介绍了两步法的应用——多谐差相信号激励下的频域建模法。第4章建立动态数学模型的时域方法，介绍时域建模方法，包括非参数模型建模方法和参数类建模方法。第5章测试数据时间序列分析建模法，介绍根据含噪声的输出随机时间序列来建立输出时间序列的数学模型方法。第6章非平稳数据建模方法，介绍改进平稳信号模型求解算法用于非平稳信号处理的方法和对非平稳信号的模型系数进行在线或离线学习的方法。

本书的基本指导思想是突出动态系统的测试建模方法的主题，对系统建模分析理论与应用专题的介绍有所侧重，注重基本理论分析与实用技术相结合，适当穿插介绍一些前沿理论与技术，以便开阔读者视野，启发思路。书中不但给出了丰富的基础理论和各类算法，也包括作者多年来的理论研究和工程应用的成果。书中给出的实例对工程应用有较大的参考价值。

多年来，作者获得国家安全重大基础研究项目、国防预研项目、军队科研项目的资助，在测试与建模领域做了大量的理论和研究工作，并在第二炮兵工程学院控制科学与工程、仪器科学与技术学科的研究生课程中讲授了这些内容，效果良好。

在本书的写作过程中，得到了许多老师和同行的指导与支持，同时还得到了作者的研究生的大力帮助，其中邓卫强博士、徐洪涛硕士参与了相关的研究，他们为本书的第5、第6章内容的编写做了大量工作，杨颖涛博士、胡腾硕士及蔚跃、雷堰龙、陈苏邑硕士研究生为本书做了大量的文字整理工作，在此深表谢意。同事王新国博士为本书第5章内容提供了部分资料，并绘制了相关的插图，在此表示感谢。

本书引用了许多论著的结果（见参考文献），这些结果对本书内容有重要的指导作用，并使本书形成了一个完整的体系。在此对这些论著的作者表示衷心的感谢。

本书的出版得到了第二炮兵工程学院“导航、制导与控制”国家重点学科建设专项的资助，在此向关心支持本书出版的各级领导表示感谢。西安电子科技大学出版社对本书的出版给予了热情支持，在此深表谢意。

书中如有不妥之处，敬请读者批评指正。

编 著 者

2011 年 11 月

目　　录

第1章 概　述

1.1 问题的提出

在导弹测试控制领域，经常需要对各种各样的测试数据建立数学模型，以进行仿真分析、控制器设计、性能指标计算评定、误差修正补偿、故障诊断和预测预报等。例如：在进行陀螺仪漂移测试时需要由得到的数据建立陀螺仪漂移误差模型；对变换放大器、伺服机构等设备以及测发控系统的快速测试，可以通过由测试数据建立的数学模型计算设备或系统的性能指标；对于故障，需要通过由测试数据建立的数学模型来进行诊断。以上这些建模问题有一个共同特点，就是都需要由测试数据来建立数学模型。

事例一　随着机动发射对导弹控制系统快速测试的要求，对控制系统采用动态测试方法势在必行。动态测试的基本过程是：对系统施加动态激励获得响应数据，由响应数据建立系统的数学模型，最后从数学模型中计算系统的性能指标。在动态测试过程中数学模型起着关键作用。

事例二　现代战争对导弹武器制导精度提出了更高的要求，改进现役武器的性能是适应现代战争需要的迫切问题。通过对惯导系统进行全面的测试，建立完整的误差模型，根据数学模型对惯导系统实施有效补偿，是提高现役惯导系统使用精度的简便而有效的途径。数学模型在这里也起着重要的作用。

测发控系统故障预报、可靠性预测分析、仿真分析评估，都要用到数学模型，这些模型基本都要通过实验或测试来建立。

我们把由测试数据建立动态数学模型的过程所涉及的方法称为动态数学模型测试建模方法。研究动态数学模型测试建模方法是一项非常有意义的工作。

对测试数据建立数学模型，可以起到这样几个方面的作用：

(1) 它可以准确地描述被测对象的主要特性，例如用线性方程或非线性方程来描述仪器仪表的特性曲线，从方程式便可很容易地看出系统的输入、输出关系；

(2) 从系统的数学模型很容易看出被测对象的功能和特点，例如用线性方程来描述放大器的特性，用多项式来描述陀螺仪漂移的特性等；

(3) 有了系统的数学模型，就便于研究系统的运动规律和进行特性分析，例如描述系统动态特性的数学模型，便可以定量地说明它的运动规律和各种动态特性；

(4) 有了系统的数学模型，就便于研究它的仿真和设计的方法等；

(5) 从系统的数学模型中可以方便地计算系统的静态与动态性能指标。

1.2　数学模型及其种类

数学模型是描述物理系统的运动规律、特性和输入与输出关系的一个或一组方程式。物理系统的特性分静态特性和动态特性两类。描述系统静态(工作状态不变或慢变过程)特性的模型称为静态数学模型。例如对各种放大器与回路做静态检查时，所求出的都是静态数学模型。描述系统动态或瞬态与过渡态特性的模型称为动态数学模型。例如对各种仪器和控制系统进行动态测试时，所求出的便是动态数学模型。静态特性和动态特性有显著的区别，因而静态与动态数学模型也有很大的差异，它们的建模方法也完全不同。本书重点讨论动态数学模型的建模方法及其应用。

对于模拟信号与连续系统需用连续数学模型来描述，例如微分方程、传递函数、状态空间等都是连续数学模型。对于离散信号与离散系统需用离散数学模型来描述，例如差分方程、离散传递函数、离散状态空间等都是离散数学模型。连续与离散数学模型的建模方法是本书讨论的重点。

信号与系统是确定性的，便可用确定性数学模型来描述其特性，例如做变换放大器传递系数检查时，所加的输入电压是确定性的，所建立的数学模型也是确定性的静态数学模型。描述随机信号或系统对随机信号响应的数学模型称为随机数学模型，例如陀螺仪的漂移、遥测速变信号以及干扰噪声信号的性质是随机的，要研究陀螺仪漂移、遥测信号，或要研究系统对干扰噪声的响应，都需要建立随机数学模型。随机数学模型也有连续的和离散的两种模型。本书主要讨论确定性数学模型的建模方法，其中有些建模方法也适用于建立随机模型。

可以用线性方程式(或组)来描述其特性的模型称为线性模型，例如许多放大器具有线性特性，便可用线性模型来描述其特性。用非线性方程式(或组)来描述其特性的模型称为非线性模型，例如加速度计具有明显的非线性特性，便需要用非线性模型来描述其特性。有的非线性系统在一定范围内可以用线性方程组来描述其特性，例如有的旋转变压器在小角度范围内具有线性特性，在大角度范围内则具有明显的非线性特性。

静态数学模型与动态数学模型，连续数学模型与离散数学模型，确定性数学模型与随机数学模型都有线性的和非线性的数学模型，所以线性与非线性是数学模型在数学上的主要特征。

从描述方式上来看，数学模型分参数模型和非参数模型两大类。如传递函数、差分方程、状态方程等称为参数模型，瞬态响应(脉冲响应曲线与阶跃响应曲线)和频率响应(幅频响应曲线、相频响应曲线、幅相频率特性曲线等)称为非参数模型。其实瞬态响应和频率响应都是由曲线或数据表格表示的，所以称它们为非参数模型。

1.3　建 模 方 法

建立数学模型的方法有两大类：一类是分析法；另一类是系统辨识法。

分析法是根据系统的工作原理，运用各种物理定理(如能量守恒、动量矩定理、各种电路定理等)推导出描述系统的数学模型(例如代数方程与微分方程等)，这类方法是各门学科大量采用的。但是，它只能用于比较简单的系统(例如测试系统、过程检测、动力学系统、过程控制、飞行控制系统等)，而且在建立数学模型的过程中必须做一些假设与简化，否则所建立的数学模型就会过于复杂，不易求解。例如对过程控制系统进行初步分析时，常用小干扰线性化方法列出各个环节的方程式及其参数，绘出系统方块图，求出整个控制系统的方程式。根据这种线性方程式容易进行系统的静、动态特性的分析研究。假如不应用小干扰线性化方法，将各个环节的非线性因素都予以考虑，最后求得的系统方程式就比较复杂，不易于进行分析研究。

系统辨识法是利用系统输入、输出的观测数据来建立数学模型的。例如对于一个复杂的测控系统，进行静态测试时，给系统输入一系列的标准量，并测出在该输入数据下的输出数据，根据这些数据就可以建立描述该系统输入、输出关系的静态数学模型和静态性能指标。给复杂系统输入一定的动态激励信号，记录下系统对该信号的瞬态响应，便可求出系统的动态数学模型。这类方法更适用于较复杂的系统，例如研究较复杂的控制对象的等效动态特性，稳定回路的稳定裕度、刚度，速率陀螺仪的相对阻尼系数等。在这些情况下，运用系统辨识的方法建立系统的动态数学模型均较为方便易行。

在某些情况下可以将两种方法结合起来，亦即运用分析法列出系统的理论数学模型，运用系统辨识法来确定模型中的参数，例如有些控制系统的运动方程式可以用动力学分析法求出，方程式中的参数可以用系统辨识法，通过动态测试实验求得。这两种方法结合起来，往往可以得到较好的效果，而且所求的数学模型的物理意义也比较明确。本书讨论的测试建模方法基本上属于系统辨识类方法，但也需要结合分析法进行模型阶次判定和模型验证。

1.4 建模中应注意的问题

1. 建模前的先验知识

虽然测试建模往往是在对被测对象完全不了解(黑箱)或了解不多(灰箱)的情况下进行的，但是人们总是希望在进行建模前尽可能多地获得有关对象的知识(先验知识)，因为若对某些重要知识不了解，将会在建模过程中遇到很多困难，甚至造成错误。

根据获得的途径，先验知识可分为两类：一类是通过粗略理论分析得到的先验知识，另一类是通过简单预备实验获得的先验知识。

2. 输入测试信号的选择

在进行测试和建模实验时，必须确定系统的输入信号。输入信号可以利用系统正常工作时的信号，或是正常工作时系统内部的扰动信号，亦可以是外加的测试信号。对于在线测试，外加的测试信号不应对系统正常工作有明显的影响。

为了使系统是可辨识的，输入信号必须满足一定的条件，即：在辨识期间内系统必须能被输入信号持续激励，输入信号必须有足够多的谐波分量，使被辨识系统所有有用的模态都被激励起来。

3. 模型类及辨识方法的选择

建模时要选择合适的模型，通常要考虑以下几个因素：

(1) 可辨识性：模型结构合理，输入信号持续激励，数据量充足。

(2) 灵活性：能比较灵活地描述系统的动态特性，通常与模型的参数个数及其在模型中出现的方式有关。

(3) 悭吝性：要本着节省原理，用尽可能少的参数模型来描述待辨识的系统。

(4) 算法的复杂性：辨识算法不宜过于复杂，特别是对于有在线辨识要求的场合，算法尽可能简单。

(5) 准则函数性质：任何一种建模算法都是通过极小化(或极大化)准则函数导出来的，因此算法收敛性质直接与准则函数的性质有关。

比较各种建模方法，一般可就下列三方面考虑：

(1) 性能方面：估计精度及其与收敛性的关系。

(2) 计算工作量：计算机容量和计算时间。

(3) 所需的先验假设和条件。

第 2 章　建模方法基础知识

动态系统测试建模过程一般包括观测数据获取、数据检验、模型类型选择、模型参数辨识与估计、模型适用性检验等步骤，而建立一个准确的数学模型是解决实际问题的关键。要完成这些工作，建模者通常需要具有比较全面的应用数学基础知识。为此，在介绍各种测试建模方法之前，本章先简要介绍本书用到的主要建模基础知识。

2.1　变换域分析基础

对于一个给定的信号或动态过程，可以直接在时域中进行分析研究，也可以在频域等变换域中进行分析。傅立叶变换、拉普拉斯变换、Z 变换等都是常用的变换分析工具。本节重点介绍傅立叶变换基本概念、性质以及傅立叶变换、拉普拉斯变换和 Z 变换之间的内在联系，在此基础上介绍数学模型的时域、频域转换方法。

2.1.1　傅立叶变换

1. 傅立叶变换的概念

如果函数 $f(t)$ 满足傅立叶积分定理，由傅立叶积分公式

$$f(t)=\frac{1}{2\pi}\int_{-\infty}^{+\infty}\left[\int_{-\infty}^{+\infty}f(t)\mathrm{e}^{-\mathrm{j}\omega t}\,\mathrm{d}t\right]\mathrm{e}^{\mathrm{j}\omega t}\,\mathrm{d}\omega \tag{2-1-1}$$

设

$$F(\omega)=\int_{-\infty}^{+\infty}f(t)\mathrm{e}^{-\mathrm{j}\omega t}\,\mathrm{d}t \tag{2-1-2}$$

则

$$f(t)=\frac{1}{2\pi}\int_{-\infty}^{+\infty}F(\omega)\mathrm{e}^{\mathrm{j}\omega t}\,\mathrm{d}\omega \tag{2-1-3}$$

从上面两式可以看出，$f(t)$ 和 $F(\omega)$ 通过确定的积分运算可以互相转换。式(2-1-2)称为 $f(t)$ 的傅立叶变换式。式(2-1-3)称为 $F(\omega)$ 的傅立叶逆变换式。

2. 傅立叶变换的性质

(1) 线性。令 $f_1(t)$、$f_2(t)$ 的傅立叶变换分别是 $F[f_1(t)]$、$F[f_2(t)]$，并令 $f(t)=af_1(t)+bf_2(t)$，则

$$F[f(t)]=aF[f_1(t)]+bF[f_2(t)] \tag{2-1-4}$$

(2) 时移特性。令 $y(n)=x(n-n_0)$，则

$$Y(e^{j\omega}) = \sum_{n=-\infty}^{+\infty} x(n-n_0)e^{-j\omega n} = \sum_{n=-\infty}^{+\infty} x(l)e^{-j\omega(l+n_0)} \tag{2-1-5}$$

即

$$Y(e^{j\omega}) = e^{-j\omega n_0} X(e^{j\omega}) \tag{2-1-6}$$

(3) 对称性。令 $f(t)$的傅立叶变换为 $F(\omega)$，则

$$F[F(t)] = 2\pi f(-\omega) \tag{2-1-7}$$

(4) 奇偶虚实性。无论 $f(t)$是实函数还是复函数，下面公式均成立：

$$F[f(t)] = F(\omega) \tag{2-1-8}$$

$$F[f(-t)] = F(-\omega) \tag{2-1-9}$$

$$F[f^*(t)] = F^*(-\omega) \tag{2-1-10}$$

$$F[f^*(-t)] = F^*(\omega) \tag{2-1-11}$$

(5) 尺度变换特性。若 $F[f(t)] = F(\omega)$，则

$$F[f(at)] = \frac{1}{a}\int_{-\infty}^{\infty} f(x)e^{-j\omega\frac{x}{a}}\,dx = \frac{1}{a}F\left(\frac{\omega}{a}\right),\quad a>0 \tag{2-1-12}$$

$$F[f(at)] = -\frac{1}{a}\int_{-\infty}^{\infty} f(x)e^{-j\omega\frac{x}{a}}\,dx = -\frac{1}{a}F\left(\frac{\omega}{a}\right),\quad a<0 \tag{2-1-13}$$

(6) 频移特性。若 $F[f(t)] = F(\omega)$，则

$$F[f(t)e^{j\omega_0 t}] = \int_{-\infty}^{\infty} f(t)e^{j\omega_0 t}e^{-j\omega t}\,dt = F(\omega-\omega_0) \tag{2-1-14}$$

同理

$$F[f(t)e^{-j\omega_0 t}] = F(\omega+\omega_0) \tag{2-1-15}$$

(7) 微分特性。若 $F[f(t)] = F(\omega)$，则

$$F\left[\frac{df(t)}{dt}\right] = j\omega F(\omega) \tag{2-1-16}$$

$$F\left[\frac{d^n f(t)}{dt^n}\right] = (j\omega)^n F(\omega) \tag{2-1-17}$$

(8) 积分特性。若 $F[f(t)] = F(\omega)$，$F[0] = 0$，则

$$F\left[\int_{-\infty}^{t} f(\tau)d\tau\right] = \frac{F(\omega)}{j\omega} \tag{2-1-18}$$

若 $F[0] \neq 0$，则

$$F\left[\int_{-\infty}^{t} f(\tau)d\tau\right] = \frac{F(\omega)}{j\omega} + \pi F(0)\delta(\omega) \tag{2-1-19}$$

3. 离散傅立叶变换(DFT)

1) 离散傅立叶变换定义

周期序列实际上只有有限个序列值有意义，因此它的许多特性可推广到有限长序列上。

设一个长为 N 的有限长序列 $x(n)$为

$$x(n) = \begin{cases} x(n), & 0 \leqslant n \leqslant N-1 \\ 0, & \text{其它} \end{cases}$$

为了引用周期序列的概念，假定一个周期序列 $\tilde{x}(n)$由长度为 N 的有限长序列 $x(n)$延拓而成，它们的关系是

$$\begin{cases} \tilde{x}(n) = \sum\limits_{r=-\infty}^{\infty} x(n+rN) \\ x(n) = \begin{cases} \tilde{x}(n), & 0 \leqslant n \leqslant N-1 \\ 0, & \text{其它} \end{cases} \end{cases} \tag{2-1-20}$$

2）周期序列的主值区间与主值序列

对于周期序列 $\tilde{x}(n)$，定义其第一个周期 $n=0\sim N-1$，为 $\tilde{x}(n)$的“主值区间”，主值区间上的序列为主值序列 $x(n)$。

$x(n)$与 $\tilde{x}(n)$的关系可描述为：$\tilde{x}(n)$是 $x(n)$的周期延拓，$x(n)$是 $\tilde{x}(n)$的“主值序列”。

数学表示为

$$\begin{cases} \tilde{x}(n) = x((n))_N \\ x(n) = \tilde{x}(n)R_N(n) = x((n))_N R_N(n) \end{cases} \tag{2-1-21}$$

其中，$R_N(n)$为矩形序列；符号$((n))_N$是余数运算表达式，表示 n 对 N 求余数。

3）频域上的主值区间与主值序列

周期序列 $\tilde{x}(n)$的离散傅氏级数 $\tilde{X}(k)$也是一个周期序列，也可给它定义一个主值区间 $0\leqslant k\leqslant N-1$ 以及主值序列 $X(k)$。

数学表示为

$$\begin{cases} X(k) = \tilde{X}(k)R_N(k) \\ \tilde{X}(k) = X((k))_N \end{cases} \tag{2-1-22}$$

长度为 N 的有限长序列 $x(n)$，其离散傅立叶变换 $X(k)$仍是一个长度为 N 的有限长序列，它们的关系为

$$X(k) = \mathrm{DFT}[x(n)] = \sum_{n=0}^{N-1} x(n)W_N^{kn}, \quad 0 \leqslant k \leqslant N-1 \tag{2-1-23}$$

$$x(n) = \mathrm{IDFT}[X(k)] = \frac{1}{N}\sum_{k=0}^{N-1} X(k)W_N^{-kn}, \quad 0 \leqslant n \leqslant N-1 \tag{2-1-24}$$

$x(n)$与 $X(k)$是一个有限长序列离散傅立叶变换对，已知 $x(n)$就能唯一地确定 $X(k)$，同样已知 $X(k)$也就唯一地确定 $x(n)$，实际上 $x(n)$与 $X(k)$都是长度为 N 的序列（复序列），都有 N 个独立值，因而具有等量的信息。

2.1.2　傅立叶变换与拉氏变换、Z 变换之间的关系

1. 傅立叶变换与拉氏变换的关系

考虑一个时间函数 $x(t)$，其性能要求足够的好，以至于当 σ 充分大时 $e^{-\sigma t}x(t)$ 满足绝对可积条件。现在来计算 $e^{-\sigma t}x(t)$的傅立叶变换：

$$F[e^{-\sigma t}x(t)] = \int_{-\infty}^{+\infty} x(t)e^{-(\sigma+j\omega)t}\,dt = X\left(\frac{\sigma+j\omega}{j}\right) = X_1(\sigma+j\omega) \tag{2-1-25}$$

式中，$X_1(a)=X_1\left(\dfrac{a}{j}\right)$，对应的反变换是

$$e^{-\sigma t}x(t) = F^{-1}[X_1(\sigma+j\omega)] = \frac{1}{2\pi}\int_{-\infty}^{+\infty} X_1(\sigma+j\omega)e^{j\omega t}\,d\omega \tag{2-1-26}$$

将收敛因子移到上式右侧，得到

$$x(t)=\frac{1}{2\pi}\int_{-\infty}^{+\infty}X_1(\sigma+\mathrm{j}\omega)\mathrm{e}^{(\sigma+\mathrm{j}\omega)t}\,\mathrm{d}\omega \tag{2-1-27}$$

由于σ与$\mathrm{j}\omega$总是一起出现，我们定义新变量$s=\sigma+\mathrm{j}\omega$，于是得到$\mathrm{d}\omega=-\mathrm{j}\mathrm{d}s$，并且可以把上述变换对写为

$$\begin{aligned}X_1(s)&=\int_{-\infty}^{+\infty}x(t)\mathrm{e}^{-st}\,\mathrm{d}t\\ x(t)&=\frac{1}{2\pi\mathrm{j}}\int_{\sigma-\infty}^{\sigma+\infty}X_1(s)\mathrm{e}^{st}\,\mathrm{d}s\end{aligned} \tag{2-1-28}$$

式(2-1-28)就是著名的拉普拉斯变换和拉普拉斯反变换，通常简称为拉氏变换和拉氏反变换。

上述过程描述了傅立叶变换与拉氏变换之间的关系。当要求用频域观点解释拉氏变换的结果时，理解这个关系特别有用。换句话说，傅立叶变换是当$\sigma=0$时拉氏变换的特例。

2. Z变换与拉氏变换的关系

1）z平面与s平面的映射关系

理想采样序列$x_s(t)$的拉氏变换是$X_s(s)$，序列$X[n]$的Z变换是$X(z)$，由Z变换的定义可知，两者是由复变量s平面到复变量z平面的映射变换，映射关系为$z=\mathrm{e}^{sT}$。因为$s=\sigma+\mathrm{j}\omega$，故$z=\mathrm{e}^{(\sigma+\mathrm{j}\omega)T}=\mathrm{e}^{\sigma T}\ \mathrm{e}^{\mathrm{j}\omega T}$。显然，这是复平面上的一个旋转矢量，其矢径$r$、矢角$\theta$分别为

$$r=\mathrm{e}^{\sigma T},\quad \theta=\omega T$$

由此表明，复变量z的模r对应s的实部σ，z的辐角θ对应s的虚部ω。z平面与s平面的映射关系见表2-1-1。s平面上的虚轴($\sigma=0$，$s=\mathrm{j}\omega$)映射到z平面是单位圆；其左半平面映射到z平面的单位圆内($\sigma<0$，$r<1$)；右半平面映射到z平面的单位圆外($\sigma>0$，$r>1$)；平行于虚轴的直线(σ为常数)映射到z平面上是圆；s平面上的实轴($s=\sigma$，$\omega=0$)映射到z平面是正实轴；s平面上通过$\pm\frac{\mathrm{j}k\omega_s}{2}$($k=1$，3，…)而平行于实轴的直线映射到$z$平面是负实轴($\theta=\pm\pi$)。

表2-1-1　z平面与s平面的映射关系

z平面($z=r\angle\theta$)			s平面($s=\sigma+\mathrm{j}\omega$)		
几何位置	$r=\mathrm{e}^{\sigma T}$	$\theta=\omega T$	几何位置	σ	ω
单位圆	$=1$	任意值	虚轴	$=0$	任意值
单位圆内	<1	任意值	左半平面	<0	任意值
单位圆外	>1	任意值	右半平面	>0	任意值

2）离散序列拉氏变换与Z变换的周期性

我们知道，离散时间序列的拉氏变换为

$$X_s(s)=\sum_{n=0}^{+\infty}x(nT)\mathrm{e}^{-nTs}$$

类似地，对于$X_s\left[s+\mathrm{j}\left(\frac{2\pi}{T}\right)\right]$$\left(\text{即在}s\text{平面上沿虚轴平移}\frac{2\pi}{T}\right)$，有

$$X_s\left[s+\mathrm{j}\left(\frac{2\pi}{T}\right)\right]=\sum_{n=0}^{+\infty}x(nT)\mathrm{e}^{-nT\left[s+\mathrm{j}\left(\frac{2\pi}{T}\right)\right]}$$

$$=\sum_{n=0}^{+\infty}x(nT)\mathrm{e}^{-nTs}=X_s(s) \tag{2-1-29}$$

这样，$X_s(s)$在 s 平面内沿虚轴方向具有周期性，其周期大小 $\omega_s=\frac{2\pi}{T}$。根据 $z-s$ 的映射关系，在 s 平面上虚轴上的周期移动，对应 z 平面上为沿单位圆的周期旋转，且旋转周期为 ω_s。换句话说，在 s 平面上沿虚轴每移动 ω_s，则对应在 z 平面上为沿单位圆旋转一周。上述事实表明，$z-s$ 映射并不是单值的。为了形象地理解上述关系，不妨把 z 平面想象成以原点为中心的无穷多层叠在一起的螺旋面(螺距为 0 或无穷小)。当 s 平面沿虚轴变化时，映射到 z 平面上则是矢径不变，仅辐角 θ 增加，当 ω 每增加一个采样频率 ω_s 时，对应 z 平面上辐角增加 2π，即螺旋面旋转一周。

3. Z 变换与傅立叶变换的关系

傅立叶变换是拉氏变换在 s 平面虚轴上的特例，即 $s=\mathrm{j}\omega$。而理想采样序列的 FT($X_s(\omega)$)是连续函数 FT($X(\omega)$)沿虚轴的周期延拓。由于 s 平面的虚轴映射到 z 平面上是单位圆 $z=\mathrm{e}^{\mathrm{j}\omega T}$，因此，采样序列在单位圆上的 Z 变换就等于理想采样函数的傅立叶变换(频谱)。而采样序列频谱的周期性延拓，表现在 z 域中即为单位圆上的重复循环，亦可想象为直径等于 1 而螺距为无穷小的螺旋线。总结为一句话，就是采样序列在单位圆上的 Z 变换，就等于其理想采样信号的傅立叶变换。

2.1.3　时域与频域非参数模型的转换

对于一个给定的信号或动态过程，我们既可以直接在时域内进行分析，也可以在频域等变换域中进行分析，甚至有些系统需要在时域、频域同时进行分析。不同的系统有不同的分析方法，比如许多线性自动控制系统(或其它线性系统如测量系统等)及其元件不便于做频率特性实验，而便于进行时域瞬态响应(过渡过程)实验，其测试结果是动态系统的脉冲响应，是时域的非参数模型。而有一些系统，例如放大器、电气与电子元器件与系统等，便于做频域的动态特性测试，在这种情况下，欲了解这些元件与系统相应的时域动态特性，便需要应用由频域非参数模型换算成时域非参数模型的方法。因此，需要研究换算时域与频域动态特性的方法。

傅氏变换建立了时域和频域之间的联系。而傅氏变换对于一些有限长序列的计算量太大，很难实时实现。因此，需要用快速傅氏变换算法(FFT)来处理。对于连续信号的傅氏变换来说，当采样频率不够高时，用 FFT 算法有混叠效应。为了解决这种混叠效应，这里介绍一种无混叠效应快速傅氏变换算法(简记为 WFFT)。下面简要介绍这种方法的主要思路以及它同现有 FFT 算法的不同点。

1. 傅立叶变换的近似算法(WFFT)

对非带限信号 $x(t)$以等间隔 Δt 采样得 N 个采样点值 $x(n)$；在 Δt 内分别用分段光滑函数来逼近 $x(t)$，进行数值积分，即用数值积分法计算傅氏积分。采用的光滑函数有阶梯线、直线和抛物线，从而形成了 WFFT 的三种算法，即阶梯线法、梯形法和辛普生法。下面以阶梯线法来说明 WFFT 的基本原理，其示意图如图 2-1-1 所示。

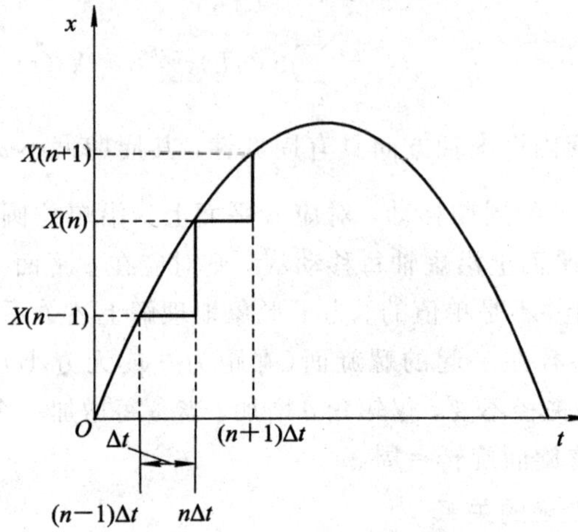

图 2-1-1　阶梯线法

阶梯线法的逼近函数为

$$x_J(t)=\begin{cases}x(n), & n\Delta t\leqslant t\leqslant(n+1)\Delta t\\0, & \text{其它}\end{cases}\qquad(n=0,1,2,\cdots,N-1)$$

(2-1-30)

傅氏积分定义为

$$x(\omega)=\int_{-\infty}^{+\infty}x(t)\mathrm{e}^{-\mathrm{j}\omega t}\,\mathrm{d}t$$

当 $x(t)$ 用 $x_J(t)$ 逼近时，在每个小区间内的积分为

$$\begin{aligned}x_n(\omega)&=\int_{(n-1)\Delta t}^{n\Delta t}x(n-1)\mathrm{e}^{-\mathrm{j}\omega t}\,\mathrm{d}t\\&=-\frac{1}{\mathrm{j}\omega}x(n-1)\mathrm{e}^{-\mathrm{j}\omega t}\Big|_{(n-1)\Delta t}^{n\Delta t}\\&=\frac{\mathrm{j}}{\omega}x(n-1)[\mathrm{e}^{-\mathrm{j}\omega n\Delta t}-\mathrm{e}^{-\mathrm{j}\omega(n-1)\Delta t}]\\&=\frac{\mathrm{j}}{\omega}x(n-1)[\mathrm{e}^{-\mathrm{j}\omega(n-1)\Delta t}*\mathrm{e}^{-\mathrm{j}\omega\Delta t}-\mathrm{e}^{-\mathrm{j}\omega(n-1)\Delta t}]\\&=\frac{\mathrm{j}}{\omega}(\mathrm{e}^{-\mathrm{j}\omega\Delta t}-1)x(n-1)\mathrm{e}^{-\mathrm{j}\omega(n-1)\Delta t},\quad n=1,2,\cdots,N\end{aligned}$$

注意：在上述积分过程中，ω 并未离散化，且积分时，小区间 $x(t)$ 的值用阶梯线代替，它是有定义的，这一点与 DFT 不同。

如果在上式中让 n 从 0 开始，到 $N-1$ 止，则上式可写为

$$x_n(\omega)=\frac{\mathrm{j}}{\omega}(\mathrm{e}^{-\mathrm{j}\omega\Delta t}-1)x(n)\mathrm{e}^{-\mathrm{j}\omega n\Delta t},\quad n=0,1,2,\cdots,N-1$$

(2-1-31)

$x_J(\omega)$ 是 N 个小区间积分之和，即

$$x_J(\omega)=\sum_{n=0}^{N-1}x_n(\omega)=\frac{\mathrm{j}}{\omega}(\mathrm{e}^{-\mathrm{j}\omega\Delta t}-1)\sum_{n=0}^{N-1}x_n(w)\mathrm{e}^{-\mathrm{j}\omega n\Delta t}=H(\omega)\sum_{n=0}^{N-1}x(n)\mathrm{e}^{-\mathrm{j}\omega n\Delta t},\quad\omega\neq0$$

可得

$$H(\omega) = \frac{\mathrm{j}}{\omega}(\mathrm{e}^{-\mathrm{j}\omega\Delta t} - 1) \tag{2-1-32}$$

上面所得到的 $x_J(\omega)$是 ω 的连续函数(在求积分和式时，ω 没有离散化，与 DFT 逼近傅氏积分不同，它是通过上述数值积分方法求得的，现对上面求出的 $x_J(\omega)$以 $\Delta\omega=\frac{2\pi}{N\Delta t}$采样(采样间隔取为$\frac{2\pi}{N\Delta t}$是为了利用 FFT 技术来计算 $x(\omega)$)，即求出 $x(\omega)$后再采样)。

第 k 个样本值为

$$x_J(k\omega) = H(k\Delta\omega)\sum_{n=0}^{N-1}x(n)\mathrm{e}^{-\mathrm{j}kn\Delta\omega\Delta t}, \quad k=0, 1, \cdots, N-1$$

因为

$$\Delta\omega * \Delta t = \frac{2\pi}{N\Delta t} * \Delta t = \frac{2\pi}{N}$$

所以可得

$$H(k\Delta\omega) = \frac{\mathrm{j}}{k\Delta\omega}(\mathrm{e}^{-\mathrm{j}k\Delta\omega\Delta t} - 1) = \frac{\mathrm{j}}{k\Delta\omega}(\mathrm{e}^{-\mathrm{j}k\frac{2\pi}{N}} - 1)$$

由于 $k=0$ 时，$H(0)=\frac{0}{0}$，由罗必塔法则求极限：

$$H(0) = \frac{\mathrm{j} * \left(-\mathrm{j}\,\frac{2\pi}{N}\right)}{\Delta\omega} = \frac{2\pi}{N\Delta\omega} = \Delta t$$

令 $\omega_N=\mathrm{e}^{-\mathrm{j}\frac{2\pi}{N}}$，则有

$$x_J(k) = H(k)\sum_{n=0}^{N-1}x(n)\omega_N^{kn} = H(k)\mathrm{DFT}[x(n)], \quad k=0, 1, \cdots, N-1 \tag{2-1-33}$$

式中

$$H(k) = \begin{cases} \Delta t, & k=0 \\ \dfrac{\mathrm{j}N\Delta t}{2k\pi}(\omega_N^{kn} - 1), & k=1, 2, \cdots, N-1 \end{cases}$$

$x_J(k)$表示用阶梯线逼近 $x(t)$时所求得的频谱的第 k 个样本值(以 $\Delta\omega=\frac{2\pi}{N\Delta t}$为间隔采样)。式(2-1-33)还表示了逼近函数的傅氏变换与抽样值 $x(n)$的 DFT 的关系，即 $x_J(k)$是 $x(n)$的 DFT 与因子 $H(k)$的乘积。因此它仍可使用 FFT 进行计算，其流程与一般 FFT 流程不同之处只是在最后一轮蝶形运算之后乘上因子 $H(k)$。

FFT 的周期性及混叠效应由于 $H(k)$的作用而消除，这实际上相当于在频域上对 DFT 进行窗处理，即在频域将 DFT 乘上窗函数 $H(k)$(它相当于在时域将 $x(n)$与 $H(k)$对应的时域信号进行卷积)。

梯形法和辛普生法的基本原理与阶梯线法是一样的，只是逼近函数不同，这两种方法在很多文献上都有介绍，这里不再赘述。

2. FFT 与 WFFT 的不同点

① FFT 中 $x(n)$与 $x(k)$均为离散序列，即 $x(n)$只在 $n=0, 1, \cdots, N-1$，$x(k)$只在

$k=0, 1, \cdots, N-1$ 离散点上取值，在 Δt 小区间内是无定义的；而 WFFT 中，在 Δt 小区间内是有值的，可以是常值、直线或抛物线。

② 在 FFT 与 IFFT 中采用的是时域与频域的离散序列之间的变换概念，而在 WFFT 中采用的是连续函数的傅氏变换的数值积分的概念。

③ FFT 中周期性与混叠效应的根源是 $\mathrm{e}^{-\mathrm{j}\omega t}$ 离散化后变为 $\omega_N^{kn}=\mathrm{e}^{-\mathrm{j}\frac{2kn\pi}{N}}$ 的周期性造成的，而 WFFT 中，在 Δt 小区间内用阶梯线、直线、抛物线等来逼近被变换的函数 $x(t)$，对 $x(n)\mathrm{e}^{-\mathrm{j}\omega t}$ 进行傅氏积分，积分后再求和，所以无混叠效应与周期性。这个概念与 DFT 的离散序列之间变换的概念是完全不同的。

2.2 多项式回归分析的几个问题

回归分析是数理统计学中最重要的分支学科之一，近年来关于这方面的理论和应用研究十分活跃。实验数据的处理问题大多可以转化为回归分析问题处理，其实质是建立回归分析模型，运用近代回归分析的理论和方法解决测量数据处理问题。

最小二乘法是回归分析的主要方法。最小二乘法通过解正规方程来求得参数矩阵的最小二乘估计。在有些情况下，解正规方程时，会出现矩阵数字病态问题。这时，可改为直接解超定方程组。因为超定方程组的“病态”不像正规方程那样严重。

本节先讨论如何比较矩阵“病态”程度的问题，也就是矩阵条件数的问题。正规方程矩阵的条件数是原超定方程矩阵条件数的平方倍。所以解超定方程组，“病态”程度要轻得多。这个问题讨论清楚之后，从逼近函数、正交变换入手，讨论超定方程组的回归分析方法。

2.2.1 矩阵的条件数

下面首先讨论条件数的定义以及其值对解的影响。

对于线性方程组 $\boldsymbol{Ax}=\boldsymbol{b}$，用直接法求解理应得出准确解 $\boldsymbol{x}$，但因数据和运算中舍入误差的存在，只能得出近似解 $\tilde{\boldsymbol{x}}$，近似解 $\tilde{\boldsymbol{x}}$ 可以看成近似方程组 $\tilde{\boldsymbol{A}}\tilde{\boldsymbol{x}}=\tilde{\boldsymbol{b}}$ 的准确解。近似矩阵 $\tilde{\boldsymbol{A}}$ 和近似向量 $\tilde{\boldsymbol{b}}$ 的误差 $\Delta\boldsymbol{A}=\boldsymbol{A}-\tilde{\boldsymbol{A}}$，$\Delta\boldsymbol{b}=\boldsymbol{b}-\tilde{\boldsymbol{b}}$ 与计算机运算和数据的舍入误差有关。计算机精度越高，$\|\Delta\boldsymbol{A}\|$ 和 $\|\Delta\boldsymbol{b}\|$ 必然越小。下面估计 $\|\Delta\boldsymbol{A}\|$、$\|\Delta\boldsymbol{b}\|$ 很小时解的误差 $\Delta\boldsymbol{x}=\boldsymbol{x}-\tilde{\boldsymbol{x}}$。$\tilde{\boldsymbol{x}}$ 和 $\boldsymbol{x}$ 分别满足方程组

$$(\boldsymbol{A}-\Delta\boldsymbol{A})(\boldsymbol{x}-\Delta\boldsymbol{x})=\boldsymbol{b}-\Delta\boldsymbol{b}, \quad \boldsymbol{Ax}=\boldsymbol{b}$$

两式相减，可得

$$(\boldsymbol{A}-\Delta\boldsymbol{A})\Delta\boldsymbol{x}=\Delta\boldsymbol{b}-\Delta\boldsymbol{A}\boldsymbol{x}$$

故按相容范数，$\|\Delta\boldsymbol{A}\|$ 很小时 $\|\boldsymbol{A}^{-1}\Delta\boldsymbol{A}\|$ 很小，$\boldsymbol{A}-\Delta\boldsymbol{A}=\boldsymbol{A}(\boldsymbol{E}-\boldsymbol{A}^{-1}\Delta\boldsymbol{A})$ 可逆，$\Delta\boldsymbol{x}=(\boldsymbol{A}-\Delta\boldsymbol{A})^{-1}(\Delta\boldsymbol{b}-\Delta\boldsymbol{A}\boldsymbol{x})$，从而

$$\begin{aligned}\|\Delta\boldsymbol{x}\| &= \|(\boldsymbol{E}-\boldsymbol{A}^{-1}\Delta\boldsymbol{A})^{-1}\boldsymbol{A}^{-1}(\Delta\boldsymbol{b}-\Delta\boldsymbol{A}\boldsymbol{x})\| \\ &\leqslant \|(\boldsymbol{E}-\boldsymbol{A}^{-1}\Delta\boldsymbol{A})^{-1}\|\,\|\boldsymbol{A}^{-1}\|(\|\Delta\boldsymbol{b}\|+\|\Delta\boldsymbol{A}\boldsymbol{x}\|) \\ &\leqslant \frac{\|\boldsymbol{A}^{-1}\|}{1-\|\boldsymbol{A}^{-1}\Delta\boldsymbol{A}\|}(\|\Delta\boldsymbol{b}\|+\|\Delta\boldsymbol{A}\boldsymbol{x}\|)\end{aligned}$$

注意到 $\|A^{-1}\Delta A\| \leqslant \|A^{-1}\| \, \|\Delta A\|$，$\|b\| = \|Ax\| \leqslant \|A\| \, \|Ax\|$，可知

$$\frac{\|\Delta x\|}{\|x\|} \leqslant \frac{\|A^{-1}\|}{1-\|A^{-1}\| \, \|\Delta A\|}\left(\frac{\|A\| \, \|\Delta b\|}{\|A\| \, \|x\|}+\frac{\|A\| \, \|\Delta A\|}{\|A\|}\right)$$

$$\leqslant \frac{\|A^{-1}\| \, \|A\|}{1-\|A^{-1}\| \, \|A\| \dfrac{\|\Delta A\|}{\|A\|}}\left(\frac{\|\Delta b\|}{\|b\|}+\frac{\|\Delta A\|}{\|A\|}\right)$$

令 $k=\mathrm{cond}(A)=\|A^{-1}\| \, \|A\|$，则得近似解 $\tilde{x}$ 的估计误差式

$$\frac{\|\Delta x\|}{\|x\|} \leqslant \frac{k}{1-k\dfrac{\|\Delta A\|}{\|A\|}}\left(\frac{\|\Delta b\|}{\|b\|}+\frac{\|\Delta A\|}{\|A\|}\right) \tag{2-2-1}$$

此式表明，$\tilde{A}$ 的相对误差 $\|\Delta A\|/\|A\|$ 很小时，解的相对误差 $\|\Delta x\|/\|x\|$ 约为 $\tilde{A}$ 和 $\tilde{b}$ 相对误差的 k 倍。所以 k 很大时，即使 $\tilde{A}$ 和 $\tilde{b}$ 的相对误差很小，解的相对误差也可能很大。数 k 反映了舍入误差对解可能影响的大小，同方程组本身的系数矩阵有关，因此称为方程组 $Ax=b$ 的条件数。它的值随所取矩阵范数的不同而不同，但对矩阵的任意相容范数均有 $k=\|A^{-1}\| \, \|A\| \geqslant \|A^{-1}A\| = \|E\| = 1$，因此可粗略说是误差放大倍数。$k$ 值很大的方程组称为病态方程组，k 值较小的称为良性方程组。

应用线性模型

$$XA = Y \tag{2-2-2}$$

如果 X 是实对称阵，并取欧式模，那么

$$\|X\|_2 = \sqrt{\lambda_{\max}(X^{\mathrm{T}}X)} = |\lambda_1|$$

$$\|X^{-1}\|_2 = \sqrt{\lambda_{\max}(X^{-1})^{\mathrm{T}}(X^{-1})} = \sqrt{\frac{1}{\lambda_{\min}(X^{\mathrm{T}}X)}} = \frac{1}{|\lambda_n|}$$

所以

$$P(X) = \|X^{-1}\| \cdot \|X\| = \sqrt{\frac{\lambda_{\max}(X^{\mathrm{T}}X)}{\lambda_{\min}(X^{\mathrm{T}}X)}} = \frac{|\lambda_1|}{|\lambda_n|}$$

式中 λ_1 与 λ_n 分别是矩阵 X 的按模最大与最小特征根。由条件数定义知，这便是超定方程(2-2-2)的条件数。

当超定方程组用正规方程求解时，其条件数会变大。下面求正规方程的系数矩阵的条件数，正规方程为

$$X^{\mathrm{T}}X\hat{A} = X^{\mathrm{T}}L$$

或

$$C\hat{A} = X^{\mathrm{T}}L$$

式中 $C=X^{\mathrm{T}}X$。矩阵 C 的条件数为

$$P(C)=\sqrt{\frac{\lambda_{\max}(C^{\mathrm{T}} \cdot C)}{\lambda_{\min}(C^{\mathrm{T}} \cdot C)}} = \sqrt{\frac{\lambda_{\max}[(X^{\mathrm{T}}X)^{\mathrm{T}}(X^{\mathrm{T}}X)]}{\lambda_{\min}[(X^{\mathrm{T}}X)^{\mathrm{T}}(X^{\mathrm{T}}X)]}}$$

$$= \sqrt{\frac{\lambda_{\max}(X^{\mathrm{T}}X)^2}{\lambda_{\min}(X^{\mathrm{T}}X)^2}} = \frac{\lambda_{\max}(X^{\mathrm{T}}X)}{\lambda_{\min}(X^{\mathrm{T}}X)} = P^2(X)$$

所以，一般来说正规方程 $C\hat{A}=X^{\mathrm{T}}L$ 的矩阵 C 的条件数 $P(C)$ 是原超定方程组 $XA=Y$ 的矩阵 X 的条件数 $P(C)$ 的平方倍。故正规方程的“病态”程度将大大增加。

由于正规方程的这一特点，有必要采用具有更高数据稳定性的计算方法来解决问题。

2.2.2　待估函数的表示

使用近代回归分析方法解决动态测试数据处理问题的关键是建立一个好的数学模型。所谓好的数学模型，是指信号或动态系统能用尽可能少的未知参数的已知函数表示。在动态数据的数学建模中，把待估计的未知函数用含较少的待估参数的已知函数表示，这些已知函数主要有多项式、多项式样条、微分方程和经验公式等四种形式。这里介绍应用多项式把待估的函数用尽可能少的待估参数的已知函数表示的方法。动态测试数据处理问题通过待估函数的这种表示，转化为回归模型的参数估计问题。

1. 待估函数多项式表示的基底

1）基底选择的意义

最佳逼近多项式的逼近阶是数据处理中核心的问题。这是因为：

(1) 函数逼近的工具很多，了解各种逼近工具逼近 $f(x)$的速度，有利于比较使用不同的逼近工具时的待估参数的个数；

(2) 在选定了多项式作为逼近工具时，有利于确定多项式的阶数。

定理 2.2.1　若 $f(t)\in C_{2\pi}$，且 $f(t)$具有连续的 k 阶微商，则

$$E_n^* \leqslant \frac{\pi}{2}\left(\frac{1}{n+1}\right)^k \| f^{(k)} \|_\infty \tag{2-2-3}$$

并且$\frac{\pi}{2}$是不依赖于 f、k、n 的最佳系数，这里 $\| f^{(k)} \|_\infty = \max\limits_{a\leqslant t\leqslant b}|f^{(k)}(t)|$。

定理 2.2.2　若 $f(t)\in C[a, b]$，则

$$E_n(f) \leqslant \frac{\pi\lambda}{2(n+1)}\cdot\frac{b-a}{2},\qquad |f(x)-f(y)|<\lambda|x-y| \tag{2-2-4}$$

$$E_n(f) \leqslant \left(\frac{\pi}{2}\right)^k\cdot\frac{\| f^{(k)} \|_\infty}{(n+1)n\cdots(n+2-k)}\cdot\left(\frac{b-a}{2}\right)^k,\quad f^{(k)}\in C[a, b],\ n\geqslant k$$

若不知道 $f(t)$的具体表达式，而知道 $f(t)$连续可微和其导数的某些信息，也可以知道 $f(t)$用多项式逼近的精度，由于多项式的阶数是有限的，因此在数据处理问题中，就把估计函数 $f(t)$的问题转化为估计有限个多项式系数的问题。

以下考虑 $f(t)\in C[-1,1]$的逼近问题。假设对于给定的精度要求

$$\max_{|t|\leqslant 1}|f(t)-P(t)|\leqslant \varepsilon$$

于是由多项式的导数信息及定理 2.2.2 能确定多项式的阶数，有

$$P(t) = \sum_{i=0}^{N} c_i t^i \tag{2-2-5}$$

这里，$(1, t, t^2, \cdots, t^N)$就是多项式逼近用到的一组基底。使用这组基底时，若不知道 $f(t)$，那么需要估计 $f(t)$就等价于要估计系数$(c_0, c_1, \cdots, c_N)$。

是否有可能找到这样的基底$(Q_0, Q_1, \cdots, Q_N)$，把代数多项式 $P(t)$表示为

$$P(t) = \sum_{i=0}^{N} b_i Q_i(t)$$

而其中有一小部分 $b_i Q_i(t)$很小(可忽略)，假如可以的话，那待估系数就可以更少一些。这

种方法就是通过基底的选择来减少待估参数。

2）切比雪夫多项式

对 $t\in[-1, 1]$，存在唯一的 $\theta\in[0, \pi]$，使得 $t=\cos\theta$。记

$$T_n(t) = \cos(n\theta) = \cos(n \arccos t),\quad n = 0, 1, 2, \cdots \tag{2-2-6}$$

那么 $T_n(t)$是 t 的多项式，由三角公式可知

$$\cos(n\theta) + \cos(n-2)\theta = 2\cos\theta\cos(n-1)\theta$$

于是有

$$\begin{cases} T_0(t) = 1,\ T_1(t) = t \\ T_n(t) = 2tT_{n-1}(t) - T_{n-2}(t),\quad n = 2, 3, \cdots \end{cases} \tag{2-2-7}$$

式(2-2-7)或式(2-2-6)给出的都是 $T_n(t)$的表达式。

切比雪夫多项式 $T_n(t)(n=0, 1, 2, \cdots)$有以下性质：

性质 1　$T_n(t)$是首项系数为 2^{n-1}的 n 次多项式。

性质 2　$|T_n(t)|\leqslant 1$，$-1\leqslant t\leqslant 1$。

性质 3　$t_k=\cos\dfrac{k\pi}{n}$，$T_n(t_k)=\cos k\pi=(-1)^k\|T_n\|_\infty$，$k=0, 1, \cdots, n$

性质 4　$\tau_k=\cos\dfrac{(2k+1)\pi}{2n}$，$T_n(t_k)=0$，$k=0, 1, \cdots, n-1$

性质 5　正交性

$$\int_{-1}^{1}\frac{T_m(t)T_n(t)}{\sqrt{1-t^2}}\mathrm{d}t = \begin{cases} \pi & m=n=0 \\ \dfrac{\pi}{2} & m=n\neq 0 \\ 0 & m\neq n \end{cases}$$

3）切比雪夫多项式基

在用多项式逼近可微函数时，用切比雪夫多项式可以降低多项式的阶，而不降低逼近精度。正是因为这一特点，切比雪夫多项式在数据处理中有广泛的应用。

设 $f(t)\in C_{2\pi}$，那么

$$f(t) = A + \sum_{k=1}^{\infty}(a_k \cos kt + b_k \sin kt) \tag{2-2-8}$$

其中

$$\begin{cases} A = \dfrac{1}{2\pi}\displaystyle\int_{-\pi}^{\pi} f(x)\mathrm{d}x,\ a_k = \dfrac{1}{\pi}\displaystyle\int_{-\pi}^{\pi} f(x)\cos kx\,\mathrm{d}x \\ b_k = \dfrac{1}{\pi}\displaystyle\int_{-\pi}^{\pi} f(x)\sin kx\,\mathrm{d}x,\ (k=1, 2, 3, \cdots) \end{cases} \tag{2-2-9}$$

显然，若 $f(x)$是一个 n 次三角多项式，则它的傅立叶级数就是它本身。

记

$$S_n[f] = A + \sum_{k=1}^{n}(a_k \cos kt + b_k \sin kt)$$

为了讨论 $S_n[f]$逼近 f 的效果，引进数学分析中的两个重要引理。

引理 2.2.1　若 $f(t)\in C_{2\pi}$，则

$$S_n[f] = \frac{1}{\pi}\int_0^{\frac{\pi}{2}}[f(t+2x) + f(t-2x)]\frac{\sin(2n+1)x}{\sin x}\mathrm{d}x \tag{2-2-10}$$

引理 2.2.2　对正整数 $n\geqslant 2$ 成立

$$\frac{1}{\pi}\int_{0}^{\frac{\pi}{2}}\left|\frac{\sin(2n+1)t}{\sin t}\right|\mathrm{d}t < \frac{1}{2}(2+\log n) \qquad (2-2-11)$$

定理 2.2.3　若 $f(t)\in C_{2\pi}$，用 H_n^* 中的三角多项式逼近 $f(t)$ 的最佳逼近为 E_n^*，则当 $n\geqslant 2$ 时有

$$|S_n[f]-f|\leqslant(3+\log n)E_n^* \qquad (2-2-12)$$

定理 2.2.3 说明，用 $S_n[f]$ 逼近 f 的效果，不比 n 次最佳逼近三角多项式差多少。只要 $n\leqslant 1100$，$S_n[f]$ 逼近 f 的精度比 n 次最佳逼近三角多项式 $T(t)$ 的精度最多相差一位小数。

例 2.2.1　试研究 $f(t)=\arcsin t$ 用 $[-1, 1]$ 上的代数多项式逼近的逼近效果。

解　令 $\varphi=f(\cos\theta)=\arcsin\cos\theta$，则

$$S_{2l+1}[\varphi]=\frac{4}{\pi}\left[\cos\theta+\frac{\cos 3\theta}{9}+\cdots+\frac{\cos(2l+1)\theta}{(2l+1)^2}\right]$$

注意到 $\cos k\theta=T_k(t)(k=0, 1, 2, \cdots)$，故

$$\arcsin t\approx\frac{4}{\pi}\sum_{i=0}^{m}\frac{T_{2l+1}(t)}{(2l+1)^2}$$

为了保证 $[-1, 1]$ 上计算 $\arcsin t$ 有 10 位有效数字，只要 $m=9$ 就可以了，而用 Taylor 展开式，则要 25 项之多。

综合上述讨论，对于 $f(t)\in C[-1, 1]$，可以选择 $\{T_0(t), T_1(t), \cdots, T_n(t)\}$ 作为基底。同时上述例子较好地说明了用切比雪夫多项式逼近函数的效果。

2. 基底与系数

对于 $f(t)\in C[-1, 1]$，建议用以下两种基底表示：

(1) $f(t)=\sum_{i=0}^{N}a_iT_i(t)$，$\forall f(t)\in C^k[-1, 1]$，$k\leqslant n$

(2) $f(t)=\sum_{i=0}^{N}c_il_i(t)$，$\forall f(t)\in C^{n+1}[-1, 1]$

这里 $T_i(t)$ 是切比雪夫多项式，$f(t)$ 的插值基 $l_i(t)$ 的节点是 $i-1$ 次切比雪夫多项式的零点。

这两种表示的好处是，在保证精度要求的前提下，n 可以取得较小。

以上是从函数逼近的理论讨论 n 的选取。具体应取多少，需要根据一定的准则来判断。以上两组基底究竟该用哪一组，也要根据具体问题的数据，应用一定准则来确定。

需要指出的是，许多实际问题有关于待估函数导数的相关信息。这些信息可以作为估计系数的附加信息，对于建立待估系数的有偏估计十分有益。

2.2.3　Householder 阵与 Householder 变换

1. Householder 矩阵

在平面 $\boldsymbol{R}^2$ 中，将向量 $\boldsymbol{x}$ 映射为关于 $\boldsymbol{e}_1$ 轴对称（或者关于"与 $\boldsymbol{e}_2$ 轴正交的直线"对称）的向量 $\boldsymbol{y}$ 的变换，称为关于 $\boldsymbol{e}_1$ 轴的镜像（反射）变换（见图 2-2-1）。设 $\boldsymbol{x}=\begin{bmatrix}\xi_1\\ \xi_2\end{bmatrix}$，则有

$$y=\begin{bmatrix}\xi_1\\-\xi_2\end{bmatrix}=\begin{bmatrix}1&0\\0&-1\end{bmatrix}\begin{bmatrix}\xi_1\\-\xi_2\end{bmatrix}=(I-2e_2e_2^{\mathrm{T}})x=Hx$$

其中，$e_2=\begin{bmatrix}0\\1\end{bmatrix}$，$H$ 是正交阵，且 $\det H=-1$。

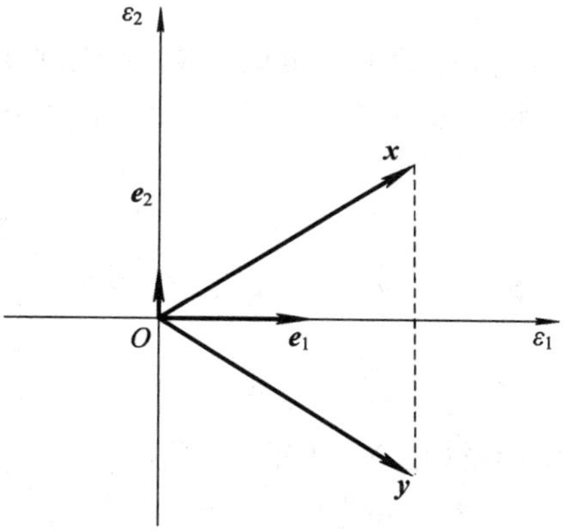

图 2-2-1　镜像变换的几何意义

将向量 x 映射为关于"与单位向量 u 正交的直线"对称的向量 y 的变换(见图 2-2-2)可描述如下

$$x-y=2u(u^{\mathrm{T}}x)$$

$$y=x-2u(u^{\mathrm{T}}x)=(I-2uu^{\mathrm{T}})x=Hx$$

容易验证，H 是正交矩阵。

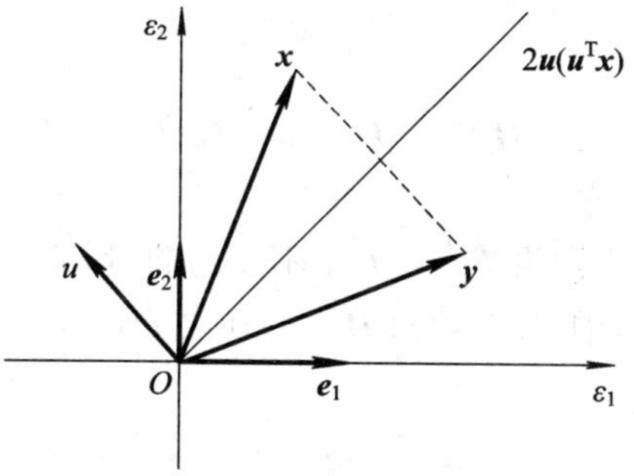

图 2-2-2　将 x 映射为与 u 正交的直线对称的向量 y 的变换

一般地，在 R^n 中，将向量 x 映射为关于"与单位向量 u 正交的 $n-1$ 维子空间"对称的向量 y 的镜像变换定义如下。

定义 2.2.1　设单位列向量 $u\in R^n$，称

$$H=I-2uu^{\mathrm{T}}$$

为 Householder 矩阵(初等反射矩阵)，由 Householder 矩阵确定的线性变换称为 Householder 变换(初等反射变换)。

Householder 矩阵具有下列性质。

(1) $H^{\mathrm{T}}=H$(对称矩阵)；

(2) $\boldsymbol{H}^{\mathrm{T}}\boldsymbol{H}=\boldsymbol{I}$(正交矩阵);

(3) $\boldsymbol{H}^2=\boldsymbol{I}$(对合矩阵);

(4) $\boldsymbol{H}^{-1}=\boldsymbol{H}$(自逆矩阵);

(5) $\det\boldsymbol{H}=-1$。

2. Householder 变换

要使 $N\times n$ 阶的 $\boldsymbol{X}$ 变为 $n\times n$ 阶的上三角矩阵 $\boldsymbol{R}$,需逐列变换:将第 1 列变为除第 1 元素以外,其余各元素均为零,将第 2 列变为除第 1、第 2 行之外其余均为零等。先讨论第一列如何完成这种变换。

设 $\boldsymbol{X}$ 的第一列向量为

$$\boldsymbol{S}^{(1)}=[x_{11}^{(1)}\quad x_{21}^{(1)}\quad\cdots\quad x_{N1}^{(1)}]^{\mathrm{T}}$$

其长度为

$$\alpha_1=\|\boldsymbol{S}^{(1)}\|_2$$

设 $\boldsymbol{E}^{(1)}$ 为 $\boldsymbol{S}^{(1)}$ 的映射单位向量(是 $N\times1$ 维):

$$\boldsymbol{E}^{(1)}=[1\quad 0\quad\cdots\quad 0]^{\mathrm{T}}$$

因为正交变换下向量长度不变,故 $\boldsymbol{E}^{(1)}$ 的长度亦为 α_1。与 $\boldsymbol{S}^{(1)}$ 和 $\boldsymbol{E}^{(1)}$ 之间的镜面相垂直的向量为

$$\boldsymbol{S}^{(1)}-\alpha_1\boldsymbol{E}^{(1)}$$

其长度为

$$\rho_1=\|\boldsymbol{S}^{(1)}-\alpha_1\boldsymbol{E}^{(1)}\|_2$$

故垂直于镜面的单位法向量($N\times1$ 维的)为

$$\boldsymbol{\omega}^{(1)}=\frac{1}{\rho_1}[\boldsymbol{S}^{(1)}-\alpha_1\boldsymbol{E}^{(1)}]$$

镜像映射矩阵为

$$\boldsymbol{H}^{(1)}=\boldsymbol{I}-2\boldsymbol{\omega}^{(1)}(\boldsymbol{\omega}^{(1)})^{\mathrm{T}}$$

式中 $\boldsymbol{I}$ 为 $N\times N$ 维的单位矩阵。

用 $\boldsymbol{H}^{(1)}$ 便可将 $\boldsymbol{S}^{(1)}$ 变为方向沿 $\boldsymbol{E}^{(1)}$,大小不变的向量,$N\times1$ 维的列向量 $\boldsymbol{E}^{(1)}$ 除第一列元素为 1 之外,其余皆为零。所以 $\boldsymbol{X}$ 经过 $\boldsymbol{H}^{(1)}$ 变换之后,第 1 列便变为除第 1 行为 α_1 之外,其余均为零的矩阵,即

$$\boldsymbol{H}^{(1)}\boldsymbol{X}=\begin{bmatrix}\alpha_1 & x_{12}^{(2)} & \cdots & x_{1n}^{(2)}\\ 0 & x_{22}^{(2)} & \cdots & x_{2n}^{(2)}\\ \vdots & \vdots & \ddots & \vdots\\ 0 & x_{N2}^{(2)} & \cdots & x_{Nn}^{(2)}\end{bmatrix}=\boldsymbol{X}^{(2)}$$

采用同样的方法将 $\boldsymbol{X}^{(2)}$ 的第 2 列向量作变换,$\boldsymbol{X}^{(2)}$ 的第 2 列向量

$$\boldsymbol{S}^{(2)}=[0\quad x_{22}^{(2)}\quad\cdots\quad x_{N2}^{(2)}]^{\mathrm{T}}$$

其长度为

$$\alpha_2=\|\boldsymbol{S}^{(2)}\|_2$$

映射单位向量为

$$\boldsymbol{E}^{(2)}=[0\quad 1\quad 0\quad\cdots\quad 0]^{\mathrm{T}}$$

镜面的单位法向量为

$$\boldsymbol{\omega}^{(2)}=\frac{1}{\rho_2}[\boldsymbol{S}^{(2)}-\alpha_2\boldsymbol{E}^{(2)}]$$

$$\rho_2=\|\boldsymbol{S}^{(2)}-\alpha_2\boldsymbol{E}^{(2)}\|_2$$

镜像映射矩阵为

$$\boldsymbol{H}^{(2)}=\boldsymbol{I}-2\boldsymbol{\omega}^{(2)}(\boldsymbol{\omega}^{(2)})^{\mathrm{T}}$$

用 $\boldsymbol{H}^{(2)}$ 便可将 $\boldsymbol{S}^{(2)}$ 变为除第 1、2 行之外其余皆为零的列向量，即

$$\boldsymbol{H}^{(2)}\boldsymbol{X}^{(2)}=\boldsymbol{X}^{(3)}$$

$\boldsymbol{X}^{(3)}$ 的第 1 列只有第一行有数，其余皆为零；第 2 列，只有第 1、第 2 行有数，其余皆为零。

依此类推，重复做下去，便可求出：

$$\boldsymbol{H}=\boldsymbol{H}^{(n)}\cdot\boldsymbol{H}^{(n-1)}\cdot\cdots\cdot\boldsymbol{H}^{(1)} \tag{2-2-13}$$

用 $\boldsymbol{H}$ 左乘 $\boldsymbol{X}$，便可将 $\boldsymbol{X}$ 变为 $n\times n$ 阶的上三角阵。即变为如式(2-1-2)所示的形式。

例 2.2.2　已知 $\boldsymbol{A}=\begin{bmatrix}3&14&9\\6&43&3\\6&22&15\end{bmatrix}$，试用 Householder 变换求矩阵 $\boldsymbol{P}$，使得 $\boldsymbol{PA}=\boldsymbol{R}$，其中 $\boldsymbol{R}$ 为上三角阵。

解(该解法用到了矩阵的 QR 分解)　对 $\boldsymbol{A}$ 的第一列，构造 Householder 矩阵如下：

$$\boldsymbol{b}^{(1)}=\begin{bmatrix}3\\3\\6\end{bmatrix},\quad \boldsymbol{b}^{(1)}-|\boldsymbol{b}^{(1)}|e_1=\begin{bmatrix}-6\\6\\6\end{bmatrix},\quad \boldsymbol{u}=\frac{1}{\sqrt{3}}\begin{bmatrix}-1\\1\\1\end{bmatrix}$$

$$\boldsymbol{H}_1=\boldsymbol{I}-2\boldsymbol{uu}^{\mathrm{T}}=\frac{1}{3}\begin{bmatrix}1&2&2\\2&1&-2\\2&-2&1\end{bmatrix},\quad \boldsymbol{H}_1\boldsymbol{A}=\begin{bmatrix}9&48&15\\0&9&-3\\0&-12&9\end{bmatrix}$$

对 $\boldsymbol{A}^{(1)}=\begin{bmatrix}9&-3\\-12&9\end{bmatrix}$的第一列，构造 Householder 矩阵如下：

$$\boldsymbol{b}^{(2)}=\begin{bmatrix}9\\-12\end{bmatrix},\quad \boldsymbol{b}^{(2)}-|\boldsymbol{b}^{(2)}|\boldsymbol{e}_1=\begin{bmatrix}-6\\-12\end{bmatrix},\quad \boldsymbol{u}=\frac{1}{\sqrt{5}}\begin{bmatrix}-1\\-2\end{bmatrix}$$

$$\boldsymbol{H}_2=\boldsymbol{I}-2\boldsymbol{uu}^{\mathrm{T}}=\frac{1}{5}\begin{bmatrix}3&-4\\-4&-3\end{bmatrix},\quad \boldsymbol{H}_2\boldsymbol{A}^{(1)}=\begin{bmatrix}15&-9\\0&-3\end{bmatrix}$$

最后令

$$\boldsymbol{S}=\begin{bmatrix}1&\\&\boldsymbol{H}_2\end{bmatrix}\boldsymbol{H}_1=\frac{1}{15}\begin{bmatrix}5&10&10\\-2&11&-10\\-14&2&5\end{bmatrix}$$

则有

$$\boldsymbol{P}=(\boldsymbol{S}^{\mathrm{T}})^{-1}=\begin{bmatrix}\frac{1}{3}&\frac{2}{3}&\frac{2}{3}\\-\frac{2}{15}&\frac{11}{15}&-\frac{2}{3}\\-\frac{14}{15}&\frac{2}{15}&\frac{1}{3}\end{bmatrix},\quad \boldsymbol{R}=\begin{bmatrix}9&48&15\\&15&-9\\&&-3\end{bmatrix}$$

$$PA = R$$

3. 基于 H 变换的超定方程组直接求解法

对于超定方程组 $\boldsymbol{Y}=\boldsymbol{XA}$，观察方程为 $\boldsymbol{L}=\boldsymbol{Y}+\Delta$。用 Householder 变换法解超定方程组的方法步骤如下：

(1) 由 $\boldsymbol{X}$ 求 $\boldsymbol{H}$ 阵(参照前述内容)。

(2) 用 $\boldsymbol{H}$ 左乘 $\boldsymbol{X}$ 得

$$\boldsymbol{HX} = \begin{bmatrix} \boldsymbol{R} \\ \boldsymbol{0} \end{bmatrix}$$

左乘 $\boldsymbol{Y}$ 得

$$\boldsymbol{HL} = \begin{bmatrix} \boldsymbol{e} \\ \boldsymbol{g} \end{bmatrix}$$

(3) 参数的最小二乘估计为

$$\boldsymbol{A} = \boldsymbol{R}^{-1}\boldsymbol{e}$$

(4) 计算残差平方和及均方根差 σ：

$$J = \sqrt{\boldsymbol{g}^{\mathrm{T}}\boldsymbol{g}}, \quad \sigma = \sqrt{\frac{J}{N-m-1}}$$

也可参照 QR 分解的过程，推导不直接求 $\boldsymbol{H}$ 阵的算法：

$$\begin{cases} \alpha_k = \left[\sum\limits_{l=k}^{n} (a_{lk}^{(k)})^2 \right]^{1/2} \\ \boldsymbol{u}_k = (0, 0, \cdots, 0, a_{kk}^{(k)} + \mathrm{sign}(a_{kk}^{(k)})\alpha_k, a_{k+1,k}^{(k)}, \cdots, a_{nk}^{(k)})^{\mathrm{T}} \\ \sigma_k = 2\alpha_k(\alpha_k + |a_{kk}^{(k)}|) \\ \boldsymbol{q}_k^{\mathrm{T}} = 2\boldsymbol{u}_k^{\mathrm{T}} \dfrac{\boldsymbol{X}^{(k)}}{\sigma_k} \\ \boldsymbol{V}_k = 2\boldsymbol{u}_k^{\mathrm{T}} \dfrac{\boldsymbol{Y}^{(k)}}{\boldsymbol{\sigma}_k} \\ \boldsymbol{X}^{(k+1)} = \boldsymbol{X}^{(k)} - \boldsymbol{u}_k\boldsymbol{q}_k^{\mathrm{T}} \\ \boldsymbol{Y}^{(k+1)} = \boldsymbol{X}^{(k)} - \boldsymbol{V}_k\boldsymbol{u}_k \\ (k = 1, 2, \cdots, m) \end{cases} \tag{2-2-14}$$

经过这样计算，可得到 $\boldsymbol{R}$、$\boldsymbol{e}$、$\boldsymbol{g}$，然后采用回代方法可解出 $\hat{\boldsymbol{A}}$。同时，还可以计算残差平方和 $J=\sqrt{\boldsymbol{g}^{\mathrm{T}}\boldsymbol{g}}$。

原则上讲，凡是在数学上最终能化为求解超定方程组 $\boldsymbol{Y}=\boldsymbol{XA}$ 的最小二乘解的问题，都可采用这一方法求解。与求解法方程的方法相比，这一方法的特点是：① 数值稳定性高，特别是当超定方程组“病态”严重时，两者差别较大；② 能顺便得到 Q，这对需要定阶的场合是很方便的。

在实际建模工作中应十分注意问题的提出和数据加工，以便使所形成的超定方程组中的“病态”尽量轻些，然后再用镜像映射法求解，这样一般来说可以获得满意的效果。

下面，作为镜像映射法的具体应用，介绍多项式回归分析的快速算法。

2.2.4　减小数值病态的多项式快速回归算法

1. 最小二乘法及其在计算中的问题

设多项式模型为

$$y = \sum_{j=0}^{n} a_j x^j \tag{2-2-15}$$

式中，x 为输入量，y 为输出量。

由测试数据可得到如下超定方程组：

$$\boldsymbol{XA} = \boldsymbol{Y} \tag{2-2-16}$$

式中

$$\boldsymbol{X} = \begin{pmatrix} 1 & x_1 & x_1^2 & \cdots & x_1^n \\ 1 & x_2 & x_2^2 & \cdots & x_2^n \\ \vdots & \vdots & \vdots & & \vdots \\ 1 & x_N & x_N^2 & \cdots & x_N^n \end{pmatrix}_{N\times(n+1)}$$

$$\boldsymbol{Y} = [y_1 \quad \cdots \quad y_N]^{\mathrm{T}}$$

$$\boldsymbol{A} = [a_0 \quad \cdots \quad a_n]^{\mathrm{T}}_{(n+1)\times 1}$$

式中 N 为实验点数，$N \geqslant n+1$。

方程式(2-2-2)的正规方程(法方程)为

$$\boldsymbol{X}^{\mathrm{T}}\boldsymbol{XA} = \boldsymbol{X}^{\mathrm{T}}\boldsymbol{Y} \tag{2-2-17}$$

参数的最小二乘法估计值为

$$\boldsymbol{A} = [\boldsymbol{X}^{\mathrm{T}}\boldsymbol{X}]^{-1}\boldsymbol{X}^{\mathrm{T}}\boldsymbol{Y} \tag{2-2-18}$$

在实际计算中方程式(2-2-18)可能存在严重的“病态”问题，即方程组系数矩阵的条件数很大。对于多项式回归分析来说，随着多项式阶次 n 的增加，条件数也迅速增大。正规方程的条件数是超定方程组条件数的平方倍。故正规方程的“病态”比超定方程组更为严重。

这种解法的另一个问题是：当多项式的阶次改变时，$\boldsymbol{X}$ 与 $\boldsymbol{A}$ 阵都要重新构造，采用这种算法来实现多项式逐次回归分析，计算工作量很大。下面介绍运用镜像映射法的一种快速算法。

2. 多项式回归分析的快速算法

在式(2-2-2)中两端同除以 a_n，得

$$\frac{1}{a_n}y = \frac{a_0}{a_n} + \frac{a_1}{a_n}x + \frac{a_2}{a_n}x^2 + \cdots + \frac{a_{n-1}}{a_n}x^{n-1} + x^n \tag{2-2-19}$$

令

$$b_0 = \frac{1}{a_n},\quad \alpha_k = \frac{a_k}{a_n},\quad k = 0,\ 1,\ \cdots,\ n-1 \tag{2-2-20}$$

则式(2-2-19)可化为

$$-b_0 y + \alpha_0 + \alpha_1 x + \cdots + \alpha_{n-1}x^{n-1} + x^n = 0 \tag{2-2-21}$$

设$(x_k,\ y_k)$$(k=1,\ 2,\ \cdots,\ N)$是 N 组测量数据，如果按如下方式构造矩阵和向量：

$$\boldsymbol{D} = \begin{bmatrix} -y_1 & 1 & x_1 & \cdots & x_1^n & \cdots & x_1^M \\ -y_2 & 1 & x_2 & \cdots & x_2^n & \cdots & x_2^M \\ \vdots & \vdots & \vdots & & \vdots & & \vdots \\ -y_N & 1 & x_N & \cdots & x_N^n & \cdots & x_N^M \end{bmatrix} \tag{2-2-22}$$

$$\boldsymbol{\alpha} = [b_0 \quad \alpha_0 \quad \alpha_1 \quad \alpha_2 \quad \cdots \quad \alpha_{n-1}]^{\mathrm{T}}$$

$$\begin{aligned}\boldsymbol{\alpha}^* &= [b_0 \quad \alpha_0 \quad \alpha_1 \quad \alpha_2 \quad \cdots \quad \alpha_{n-1} \quad 1 \quad 0 \quad \cdots \quad 0]^{\mathrm{T}} \\ &= [\boldsymbol{\alpha}^{\mathrm{T}} \quad 1 \quad 0 \quad \cdots \quad 0]^{\mathrm{T}}\end{aligned}$$

式中，$\boldsymbol{\alpha}^*$ 是 $M+2$ 维的列向量；M 是多项式可能的最高次方。那么式(2-2-21)可由如下矩阵方程表示：

$$\boldsymbol{D\alpha}^* = \boldsymbol{0} \tag{2-2-23}$$

式(2-2-23)有一个重要的特点，就是当 $n=0, 1, 2, \cdots, M$ 时，它总是成立的。也就是说式(2-2-23)中多项式的阶次是可以由 0 到 M 变动的，这是本算法的关键。

式(2-2-23)中参数向量 $\boldsymbol{\alpha}^*$ 的最小二乘解可由下式给出

$$\| \boldsymbol{D\alpha}^* \|_2 = \min \tag{2-2-24}$$

用 $\boldsymbol{H}$ 表示镜像映射变换阵，选择 $\boldsymbol{H}$ 可使 $\boldsymbol{HD}$ 成为上三角阵，即

$$\boldsymbol{D}^* = \boldsymbol{HD} = \left[\begin{array}{cccc|c|ccc} d_1 & d_{12} & \cdots & d_{1,n+1} & d_{1,n+2} & d_{1,n+3} & \cdots & d_{1,M+2} \\ 0 & d_2 & \cdots & d_{2,n+1} & d_{2,n+2} & d_{2,n+3} & \cdots & d_{2,M+2} \\ \vdots & \vdots & \ddots & \vdots & \vdots & \vdots & & \vdots \\ 0 & 0 & \cdots & d_{n+1} & d_{n+1,n+2} & d_{n+1,n+3} & \cdots & d_{n+1,M+2} \\ \hline 0 & 0 & \cdots & 0 & d_{n+2} & d_{n+2,n+3} & \cdots & d_{n+2,M+2} \\ 0 & 0 & \cdots & 0 & 0 & d_{n+3} & \cdots & d_{n+3,M+2} \\ \vdots & \vdots & & \vdots & \vdots & \vdots & & \vdots \\ 0 & 0 & \cdots & 0 & 0 & 0 & \cdots & d_{M+2} \end{array}\right] \tag{2-2-25}$$

按虚线分割方式将矩阵分成六块，则式(2-2-25)为

$$\boldsymbol{D}^* = \begin{bmatrix} \boldsymbol{R}_n & \boldsymbol{z}_n & \boldsymbol{C}_1 \\ \boldsymbol{0} & \boldsymbol{g}_n & \boldsymbol{C}_2 \end{bmatrix} \tag{2-2-26}$$

因为镜像映射变换保持向量的欧式范数不变，故式(2-2-24)可写为

$$\begin{aligned}\| \boldsymbol{D\alpha}^* \|_2 &= \| \boldsymbol{HD\alpha}^* \|_2 = \| \boldsymbol{D}^* \boldsymbol{\alpha}^* \|_2 \\ &= \left\| \begin{matrix} \boldsymbol{R}_n\boldsymbol{\alpha} + \boldsymbol{z}_n \\ \boldsymbol{g}_n \end{matrix} \right\| = \min\end{aligned} \tag{2-2-27}$$

所以向量 $\boldsymbol{\alpha}$ 的最小范数解(即最小二乘解)可由下式给出：

$$\boldsymbol{R}_n\boldsymbol{\alpha} = -\boldsymbol{z}_n \tag{2-2-28}$$

最小二乘解的残差平方和为

$$J(n) = \| \boldsymbol{g}_n \|_2 = d_{n+2}^2 \tag{2-2-29}$$

式(2-2-29)说明，矩阵 $\boldsymbol{D}^*$ 的第 $n+2$ 个主对角元的平方，就是对应 n 次多项式模型

最小二乘估计的残差平方和。因此，只要按式(2-2-22)构造矩阵，然后由左到右逐列对 $\boldsymbol{D}$ 阵进行递推镜像映射变换，就可以得到对应 $\boldsymbol{n}=0, 1, 2, \cdots$ 各次模型所对应的最小二乘估计残差平方和 $J(n)$，$n=0, 1, 2, \cdots$。如果每得到一个残差平方和就作一次阶次检验，在得到最佳阶次 $\hat{n}$ 后，就很容易由式(2-2-28)得到对应 $\hat{n}$ 阶模型参数的最小二乘估计值。具体的阶次估计方法在2.3节讨论。

由上面的分析可以看出，列数大于 $\hat{n}+2$ 的各列元素实际上没有参加变换，所以构造 $\boldsymbol{D}$ 阵时所用到的 M 值的大小并不影响计算量。计算中为保证 $M\geqslant\hat{n}$，M 值可以给得大一些。

3. 多项式回归分析的高精度快速算法

本节介绍的多项式回归分析法，在模型参数估计方面采取两个措施：① 采用镜像映射法直接解超定方程组；② 将超定方程组系数阵 $\boldsymbol{X}$ 进行正交化处理，进一步降低其条件数。采取这两个措施之后，对条件数很大的超定方程组(如多项式的阶次较高时)也可求得较满意的结果。

在2.2.2节中提到用多项式逼近可微函数时，用切比雪夫多项式可以降低多项式的阶，又不降低逼近精度。由切比雪夫多项式的性质知切比雪夫多项式 $T_j(X)$ 在区间 $[-1, 1]$ 上对权函数 $W(X)=\dfrac{1}{\sqrt{1-x^2}}$ 具有正交性。因此，如果将多项式回归转化成切比雪夫多项式回归问题，就能够将条件数降低到尽可能小的程度，从而达到降阶而不失精度的作用。

(1) 运用切比雪夫多项式降低矛盾方程的条件数。用矩阵 $\boldsymbol{X}=[\boldsymbol{X}^{(0)}, \boldsymbol{X}^{(1)}, \cdots, \boldsymbol{X}^{(n)}]$ 表示超定方程组的系数矩阵，其中 $\boldsymbol{X}^{(0)}, \boldsymbol{X}^{(1)}, \cdots, \boldsymbol{X}^{(n)}$ 为系数矩阵 $\boldsymbol{X}$ 的各列向量。向量 $[\boldsymbol{X}^{(0)}, \boldsymbol{X}^{(1)}, \cdots, \boldsymbol{X}^{(n)}]$ 的 ε 线性相关程度与 $\boldsymbol{X}^{(1)}$ 阵的条件数有密切关系。当 $[\boldsymbol{X}^{(0)}, \boldsymbol{X}^{(1)}, \cdots, \boldsymbol{X}^{(n)}]$ 为正交向量系时条件数最小。因此，使 $[\boldsymbol{X}^{(0)}, \boldsymbol{X}^{(1)}, \cdots, \boldsymbol{X}^{(n)}]$ 趋于正交向量系是降低条件数的有力措施。

(2) 将测量数据转化为区间 $[-1, 1]$ 的数据 $\{\tilde{x}_k\}$。切比雪夫多项式的定义域为 $[-1, 1]$，而一般多项式的定义域则是任意的，要将一般多项式回归问题转化为切比雪夫回归问题，首先必须将测量数据 $x_1<x_2<\cdots<x_N$ 线性映射到 $[-1, 1]$ 内。

(3) 对数据 $\{\tilde{x}_k\}$ 拟合切比雪夫多项式。因为 $\tilde{x}_k\in[-1, 1]$，所以可以用切比雪夫多项式拟合数据 $(\tilde{x}_k, y_k)$，$k=1, 2, \cdots, N$。

$$y=\alpha_0+\alpha_1 T_1(\tilde{x})+\alpha_2 T_2(\tilde{x})+\cdots+\alpha_n T_n(\tilde{x}) \tag{2-2-30}$$

这里也同样存在阶次确定问题。为了实现模型阶次和参数的同时估计，在式(2-2-30)中都除以 α_n，则有

$$\frac{1}{\alpha_n}y=\frac{\alpha_0}{\alpha_n}+\frac{\alpha_1}{\alpha_n}T_1(\tilde{x})+\frac{\alpha_2}{\alpha_n}T_2(\tilde{x})+\cdots+\frac{\alpha_{n-1}}{\alpha_n}T_{n-1}(\tilde{x})+T_n(\tilde{x})$$

令

$$b_0=\frac{1}{\alpha_n},\quad a_k=\frac{\alpha_k}{\alpha_n},\quad k=0, 1, \cdots, n-1 \tag{2-2-31}$$

则有

$$-b_0 y+a_0+a_1 T_1(\tilde{x})+\cdots+a_{n-1}T_{n-1}(\tilde{x})+a_n T_n(\tilde{x})=0 \tag{2-2-32}$$

若按如下方式构造向量和矩阵：

$$\boldsymbol{\theta} = [b_0 \quad a_0 \quad a_1 \quad \cdots \quad a_{n-1}]^{\mathrm{T}}$$

$$\boldsymbol{\theta}^* = [b_0 \quad a_0 \quad a_1 \quad \cdots \quad a_{n-1} \quad 1 \quad 0 \quad \cdots \quad 0]^{\mathrm{T}}_{(M+2)\times 1}$$

$$\boldsymbol{E} = \begin{bmatrix} -y_1 & 1 & T_1(\tilde{x}_1) & \cdots & T_{n-1}(\tilde{x}_1) & \cdots & T_M(\tilde{x}_1) \\ -y_2 & 1 & T_1(\tilde{x}_2) & \cdots & T_{n-1}(\tilde{x}_2) & \cdots & T_M(\tilde{x}_2) \\ \vdots & \vdots & \vdots & & \vdots & & \vdots \\ -y_n & 1 & T_1(\tilde{x}_N) & \cdots & T_{n-1}(\tilde{x}_N) & \cdots & T_M(\tilde{x}_N) \end{bmatrix} \tag{2-2-33}$$

式中，$T_2(\tilde{x})=2\tilde{x}^2-1$，$T_3(\tilde{x})=4\tilde{x}^3-3\tilde{x}$，…。

则可将式(2-2-32)用下列矩阵方程表示：

$$\boldsymbol{E\theta}^* = \boldsymbol{0} \tag{2-2-34}$$

为了使 $\boldsymbol{E}$ 阵各列向量近似正交，对式(2-2-34)左乘矩阵 $\boldsymbol{W}$，则有

$$\boldsymbol{WE\theta}^* = \boldsymbol{0} \tag{2-2-35}$$

式中

$$\boldsymbol{W} = \begin{bmatrix} \frac{1}{\sqrt{1-\tilde{x}_1^2}} & 0 & \cdots & 0 \\ 0 & \frac{1}{\sqrt{1-\tilde{x}_2^2}} & \cdots & 0 \\ \vdots & \vdots & \ddots & \vdots \\ 0 & 0 & \cdots & \frac{1}{\sqrt{1-\tilde{x}_N^2}} \end{bmatrix}_{N\times N} \tag{2-2-36}$$

是 N 阶对角阵。

令

$$\boldsymbol{S} = \boldsymbol{WE} \tag{2-2-37}$$

式(2-2-35)可写为

$$\boldsymbol{S\theta}^* = \boldsymbol{0} \tag{2-2-38}$$

由式(2-2-33)可以看出，式(2-2-38)中的 n 也是可以由 0 变动到 M 的，对应不同的 n，向量 $\boldsymbol{\theta}$ 的最小二乘估计残差平方和可以由下式给出：

$$J(n) = S_{n+2}^{*\,2} \tag{2-2-39}$$

式中 S_{n+2}^* 是 $\boldsymbol{S}$ 阵经过镜像映射变换所形成的上三角阵 $\boldsymbol{S}^*$ 的第 $n+2$ 个主对角元素。

对应于 $n=\hat{n}$ 的向量 $\boldsymbol{\theta}$ 的最小二乘估计值由下式确定：

$$\begin{bmatrix} S_1^* & S_2^* & \cdots & S_{\hat{n}+1}^* \\ 0 & S_2^* & \cdots & S_{\hat{n}+1}^* \\ \vdots & \vdots & & \vdots \\ 0 & 0 & \cdots & S_{\hat{n}+1}^* \end{bmatrix} \begin{bmatrix} b_0 \\ a_0 \\ a_1 \\ \vdots \\ a_{\hat{n}+1} \end{bmatrix} = - \begin{bmatrix} S_{1,\hat{n}+1}^* \\ S_{2,\hat{n}+2}^* \\ \vdots \\ S_{\hat{n}+1,\hat{n}+1}^* \end{bmatrix} \tag{2-2-40}$$

有了式(2-2-39)，就可以根据有关阶次判据得到最佳阶次 $\hat{n}$，然后由式(2-2-40)获得参数向量 $\boldsymbol{\theta}$ 的最小二乘估计值，最后再根据式(2-2-31)算出 α_i，$i=0, 1, \cdots, \hat{n}$。

(4) 由切比雪夫多项式还原成普通多项式。需还原的多项式模型为

$$y = \mu_0 + \mu_1\tilde{x} + \cdots + \mu_n\tilde{x}^n \tag{2-2-41}$$

由切比雪夫多项式的性质可知，式(2-2-41)中的 n 与式(2-2-30)中的 n 是相等的。所以现在的问题是如何由 α_i 求 μ_i，$i=0, 1, \cdots, n$。

因为 $T_j(\tilde{x})$ 是 $1, \tilde{x}, \cdots, \tilde{x}^j$ 的线性组合，所以必存在矩阵 $\boldsymbol{T}$，使得

$$y=\alpha_0+\alpha_1 T_1(\tilde{x})+\cdots+\alpha_n T_n(\tilde{x})$$
$$=\begin{bmatrix}\alpha_0 & \alpha_1 & \cdots & \alpha_n\end{bmatrix}\begin{bmatrix}1\\ T_1(\tilde{x})\\ \vdots\\ T_n(\tilde{x})\end{bmatrix} \tag{2-2-42}$$
$$=\begin{bmatrix}\alpha_0 & \alpha_1 & \cdots & \alpha_n\end{bmatrix}\cdot \boldsymbol{T}\begin{bmatrix}1\\ \tilde{x}\\ \vdots\\ \tilde{x}^n\end{bmatrix}$$

比较式(2-2-41)与式(2-2-42)，得

$$\begin{bmatrix}\mu_0 & \mu_1 & \cdots & \mu_n\end{bmatrix}=\begin{bmatrix}\alpha_0 & \alpha_1 & \cdots & \alpha_n\end{bmatrix}^{\mathrm{T}} \tag{2-2-43}$$

式中

$$\begin{bmatrix}1\\ T_1(\tilde{x})\\ \vdots\\ T_n(\tilde{x})\end{bmatrix}=\boldsymbol{T}\begin{bmatrix}1\\ \tilde{x}\\ \vdots\\ \tilde{x}^n\end{bmatrix}$$

由切比雪夫多项式的递推公式

$$\begin{cases}T_1(\tilde{x})=\tilde{x}\\ T_j(\tilde{x})=2xT_{j-1}(\tilde{x})-T_{j-2}(\tilde{x}), \quad j=2, 3, \cdots\end{cases} \tag{2-2-44}$$

可以归纳出矩阵 $\boldsymbol{T}$ 的构造方法，用公式表示为

$$\begin{cases}t_{11}=1\\ t_{21}=0;\ t_{22}=1\\ t_{i1}=-t_{i-2,1},\ i=3, 4, \cdots;\ t_{ii}=2t_{i-1,i-1},\ i=3, 4, \cdots\\ t_{ij}=2t_{i-1,i-1}-t_{i-2,j},\ i=3, 4, \cdots,\ j=2, 3, \cdots, i-1\end{cases} \tag{2-2-45}$$

上面讨论了式(2-2-41)各系数 μ_i 与 α_i，$i=0, 1, \cdots, n$ 的关系。下面讨论如何由 μ_i，$i=0, 1, \cdots, n$ 计算

$$y=\eta_0+\eta_1 x+\eta_2 x^2+\cdots+\eta_n x^n \tag{2-2-46}$$

的系数 η_i，$i=0, 1, \cdots, n$。

同时可得

$$y=\mu_0+\mu_1\left(\frac{x}{d}-c\right)+\cdots+\mu_n\left(\frac{x}{d}-c\right)^n$$

在上式每个括号中提出 $-c$，并令 $-cd=e$，则有

$$y=\mu_0+\mu_1(-c)\left(\frac{x}{e}+1\right)+\cdots+\mu_n(-c)^n\left(\frac{x}{e}+1\right)^n$$

将上式用矩阵表示，则有

$$\boldsymbol{y}=[\mu_0 \quad -c\mu_1 \quad \cdots \quad (-c)^n\mu_n]\cdot\begin{bmatrix}1\\ \frac{x}{e}+1\\ \vdots \\ \left(\frac{x}{e}+1\right)^n\end{bmatrix} \tag{2-2-47}$$

式中

$$\begin{bmatrix}1\\ \frac{x}{e}+1\\ \vdots \\ \left(\frac{x}{e}+1\right)^n\end{bmatrix}=\boldsymbol{U}\begin{bmatrix}1\\ \frac{x}{e}\\ \vdots \\ \left(\frac{x}{e}\right)^n\end{bmatrix}=\boldsymbol{U}\begin{bmatrix}1 & 0 & \cdots & 0\\ 0 & \frac{1}{e} & \cdots & 0\\ \vdots & \vdots & \ddots & \vdots\\ 0 & 0 & \cdots & \left(\frac{1}{e}\right)^n\end{bmatrix}\cdot\begin{bmatrix}1\\ x\\ \vdots\\ x^n\end{bmatrix} \tag{2-2-48}$$

用公式表示为

$$\begin{cases}u_{11}=1\\ u_{i1}=u_{ii}=1,\ i=2,\ 3,\ \cdots\\ u_{ij}=u_{i-1,\ j-1}+u_{i-1,\ j},\ i=3,\ 4,\ \cdots;\ j=2,\ 3,\ \cdots,\ i-1\end{cases} \tag{2-2-49}$$

比较式(2-2-46)和式(2-2-48)，得

$$[\eta_0 \quad \eta_1 \quad \cdots \quad \eta_n]=[\mu_0 \quad -c\mu_1 \quad \cdots \quad (-c)^n\mu_n]\boldsymbol{U}\begin{bmatrix}1 & & & \\ & \frac{1}{e} & & \\ & & \ddots & \\ & & & \left(\frac{1}{e}\right)^n\end{bmatrix}$$

将式(2-2-43)代入上式，得

$$[\eta_0 \quad \eta_1 \quad \cdots \quad \eta_n]=[\alpha_0 \quad \alpha_1 \quad \cdots \quad \alpha_n]^{\mathrm{T}}\begin{bmatrix}1 & & & \\ & -c & & \\ & & \ddots & \\ & & & (-c)^n\end{bmatrix}\boldsymbol{U}\begin{bmatrix}1 & & & \\ & \frac{1}{e} & & \\ & & \ddots & \\ & & & \left(\frac{1}{e}\right)^n\end{bmatrix} \tag{2-2-50}$$

式(2-2-50)给出了多项式模型参数 η_i，$i=0, 1, \cdots, n$ 与切比雪夫多项式模型参数 α_i，$i=0, 1, \cdots, n$ 之间的关系。通过式(2-2-50)，就可以得到所求多项式模型参数。

2.3 模型阶次估计的若干准则

2.3.1 基于残差平方和的几种准则

(1) 规定其残差平方和小于某个 ε 时，此时对应的 n 便是所估计的阶次。

残差平方和为

$$J = \sum_{i=1}^{N} (\hat{x}_i - x_i)^2 \tag{2-3-1}$$

其中，N 为数据长度；$\hat{x}_i$ 为第 i 点的估计值；x_i 为第 i 点的实验数据或理论模型的计算值（理论值）。

在对实验数据序列建立模型时，x_i 为第 i 点的实验值；在做数字仿真时，x_i 为原模型计算值（理论值）。残差平方和的物理意义是 N 个点的估计值与实验值（理论值）之差的平方和。用这个指标来衡量所建立的数学模型的质量是比较合理的，所以也是很常用的。

当残差平方和小于某一小值 ε（例如 0.01 等）时，认为该模型的阶次是合适的、可用的，这是阶次估计的一种准则。

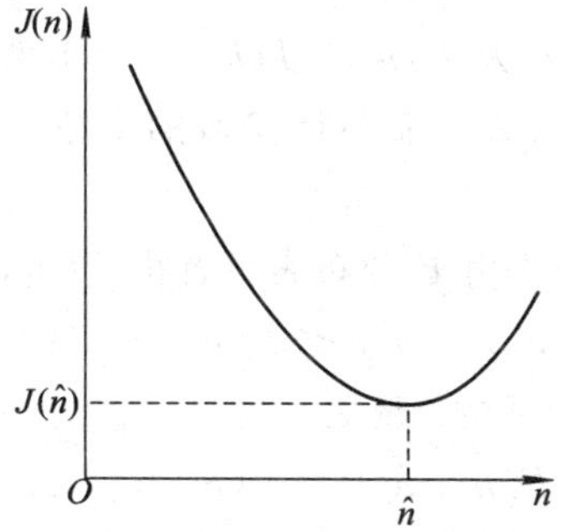

图 2-3-1　残差平方和与模型阶次的关系

（2）选 $J(n)$ 为最小时的 n 作为模型阶次。

绘出残差平方和 J 与模型阶次 n 的曲线如图 2-3-1 所示。取 J 为最小时的 n 作为模型阶次。这种指标在理论上比较好，也很合理。但对有些算法来说，这条曲线的计算量是很大的。首先要做出各阶模型的参数估计后，才能算出该阶模型的残差平方和，然后才能绘出曲线 $J(n)$，从 $J(n)$ 上找出 $J(n)$ 最小时的 n 作为模型阶次。

对于第 4 章将介绍的能同时辨识差分方程模型阶次和参数的方法，在尚未估计出各阶模型参数之前，便可以求出各阶模型的残差平方和。所以，对于该方法，采用这种阶次选择准则是比较方便的，这也是该方法的一个特点。

（3）当 $\Delta J(n-1, n) \gg \Delta J(n, n+1)$ 时，选择 n 为模型阶次。

设 $J(n-1)$，$J(n)$，$J(n+1)$ 分别是模型阶次为 $n-1$，n 和 $n+1$ 时的残差平方和，则

$$\Delta J(n-1, n) = J(n-1) - J(n) \tag{2-3-2}$$

$$\Delta J(n, n+1) = J(n) - J(n+1) \tag{2-3-3}$$

分别表示模型阶次从 $n-1$ 阶增加到 n 阶和从 n 阶增加到 $n+1$ 阶时残差平方和的变化量，若

$$\Delta J(n-1, n) \gg \Delta J(n, n+1) \tag{2-3-4}$$

则表示 n 是合适的模型阶次。其意义是：阶次从 $n-1$ 增大到 n 阶时，残差平方和的变化远远大于模型阶次从 n 增加到 $n+1$ 阶时的变化，这时可以认为模型阶次选为 n 是合适的。

（4）选残差平方和的相对变化量小于某一给定值 ε 时的阶次。

当

$$\frac{J(n-1)-J(n)}{J(n)}=\frac{\Delta J(n-1,n)}{J(n)}\leqslant\varepsilon \tag{2-3-5}$$

时，便选 n 为模型的阶次，ε 可定为 0.1～0.01。

2.3.2 F 检验准则

当残差是正态分布时，残差平方和是 χ^2 分布，残差平方和之比便服从 F 分布。F 检验准则为

$$F(n_1,n_2)=\frac{\dfrac{J(n_2)-J(n_1)}{\mathrm{d}f_2}}{\dfrac{J(n_1)}{\mathrm{d}f_1}}=\frac{J(n_2)-J(n_1)}{J(n_1)}\cdot\frac{\mathrm{d}f_1}{\mathrm{d}f_2} \tag{2-3-6}$$

式中，$\mathrm{d}f_1$ 为 $J(n_1)$ 的自由度；$\mathrm{d}f_2$ 为 $J(n_2)-J(n_1)$ 的自由度。

自由度为所用的数据量 N 减去所需估计参数的个数。由 $J(n_1)$ 与 $J(n_2)$ 及其自由度，按式(2-3-6)可算出 $F(n_1,n_2)$。

在所给定的显著性水平 α 下，由 F 分布表可查出 $F(n_1,n_2,\alpha)$。当

$$F(n_1,n_2)<F(n_1,n_2,\alpha) \tag{2-3-7}$$

时，则可认为模型的阶次 n_1 是合适的。反之，当

$$F(n_1,n_2)>F(n_1,n_2,\alpha) \tag{2-3-8}$$

时，意味着把阶次增加到 n_2 的模型，残差平方和有显著改善，因而有理由认为模型的阶次 n_1 不合适。这就是 F 检验准则。

2.3.3 信息量准则法

信息量准则法是确定模型阶数的一种行之有效的方法。在信息量准则法中最著名的是最终预测误差(FPE)法和 AIC 准则法。

FPE 准则选择使信息量

$$\mathrm{FPE}(n)=\frac{N+n+1}{N-(n-1)}J(n)$$

最小的 n 作为模型的阶数。式中：N 为数据长度，n 为模型阶次，$J(n)$ 为 n 阶模型的残差平方和。

对 ARMA 模型，则选使

$$\mathrm{FPE}(p,q)=\hat{\sigma}^2\left(\frac{N+p+q+1}{N-p-q-1}\right)$$

最小的 (p,q) 作为 ARMA 模型的阶数，其中 $\hat{\sigma}^2$ 是线性预测误差的方差，可按公式

$$\hat{\sigma}^2=\sum_{i=0}^{p}\hat{a}_i\hat{R}_x(q-i)$$

计算。

在 AIC 准则里，模型阶次 n 的选择是使信息量

$$\mathrm{AIC}(n)=\frac{2n}{N}+\ln J(n)$$

最小。

而对 ARMA 模型阶数(p, q)的选择准则是使信息量

$$\mathrm{AIC}(p, q) = \ln\hat{\sigma}^2 + 2\left(\frac{p+q}{N}\right)$$

最小。式中 N 为数据长度(也叫样本容量)。

显然，不论是使用 FPE 准则还是采用 AIC 准则，都需要事先用最小二乘法拟合各种可能阶数的模型，然后根据悭吝性，确定一个尽可能小的阶数组合作为模型阶数。当样本容量 N 趋于无穷大时，信息量 FPE(p, q)和 AIC(p, q)等价。Kashyap 证明了，当 $N\rightarrow\infty$ 时，AIC 准则选择正确阶数的错误概率并不趋于零。从这个意义上讲，利用 AIC 准则得出的结果在统计上是非一致估计。

AIC 准则的改进形式叫做 BIC 准则，它选择(p, q)的原则是使信息量

$$\mathrm{BIC}(p, q) = \ln\hat{\sigma}^2 + (p+q)\frac{\ln N}{N}$$

最小。

由 Rissanen 提出的另一种信息量准则用最小描述长度(MDL)来选择 ARMA 模型阶数(p, q)，其中信息量定义为

$$\mathrm{MDL}(p, q) = N\ln\hat{\sigma}^2 + (p+q)\ln N$$

还有一种常用的信息量准则，简称 CAT(准则自回归传递)函数准则，它是由 Parzen 于 1974 年提出的。CAT 函数的定义为

$$\mathrm{CAT}(p, q) = \left(\frac{1}{N}\sum_{k=1}^{p}\frac{1}{\bar{\sigma}_{k,q}^2}\right) - \frac{1}{\bar{\sigma}_{p,q}^2}$$

式中 $\bar{\sigma}_{k,q}^2 = \dfrac{N}{N-k}\hat{\sigma}_{k,q}^2$。阶数($p$, q)的选择应使 CAT(p, q)最小。

MDL 信息量准则是统计一致的。实验结果显示，对一个短的数据长度，AR 阶数应选择在 $N/3 \sim N/2$ 范围内才会有好的结果。

2.4　受扰动数据的建模方法

在测试建模中，外场测试时各种干扰会对测试数据形成扰动，从而影响建模的精度。如惯导系统误差标定建模，在野外条件下基座晃动、阵风干扰、车辆发动等因素会使惯导输出受到干扰，标定建模精度受到影响，尤其是阵风干扰对标定精度的影响很大。一般最小二乘法和平均选点法能有效消除随机干扰的影响，但对阵风扰动所形成的误差效果不明显。

干扰的出现是不区分时间的，强度也是不确定的。测试建模必须考虑外界干扰的影响，特别是条件限制不允许进行多次测试时。因此在采取各种抗干扰措施的同时，数据处理还力求立足于被污染的数据，研究受扰动数据的建模方法，尽可能保证建模精度。

采用数字滤波器对数据进行预滤波处理，可以抑制一部分随机噪声的影响，但对特定的干扰效果不明显。

2.4.1　分组拟合加权平均

图 2-4-1(a)是惯导标定的外场试验数据，图 2-4-1(b)是经过预滤波后的数据。从图 2-4-1(b)可以看到：滤波处理后，重建的数据基本是一条直线，但是在部分数据段仍然残存干扰的影响。如果直接用来回归处理，误差会很大，但在直线回归中通过加权或者剔除的方法，是可以改善辨识效果的。采用分组回归，就是把各组回归所得的斜率作为是对同一个物理量(漂移角速度)多次观察所得的结果，经加权平均后作为辨识的漂移角速度。这样做，相当于在处理中把受干扰较大，而且在滤波处理后改善较小的数据段的影响减弱，从而提高漂移角速度辨识的精度。

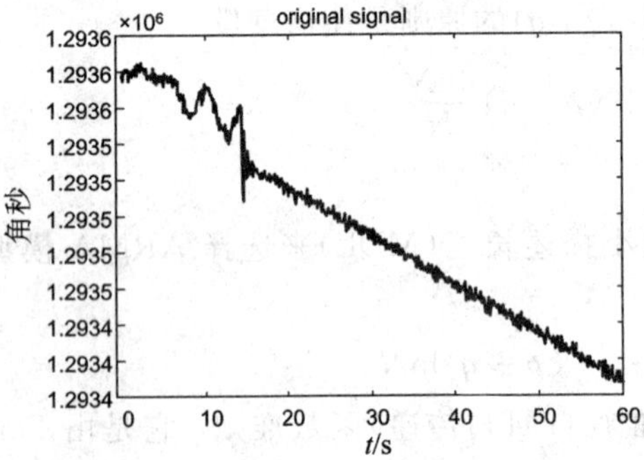

(a) 惯导标定的外场试验数据

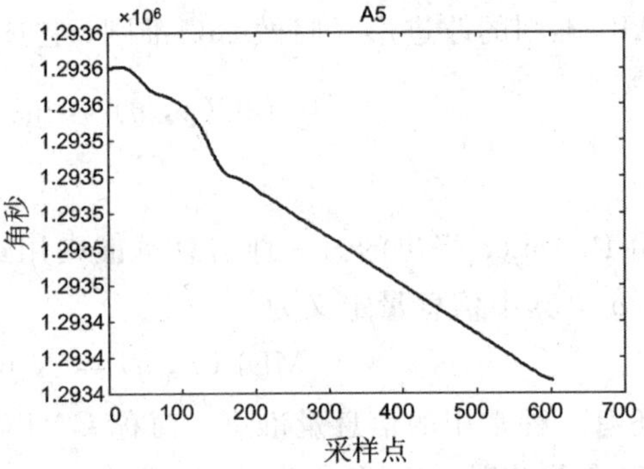

(b) 预滤波后的数据

图 2-4-1　惯导标定的外场试验数据及预滤波后的数据

1. 分组回归

由于异常干扰不是在标定数据采集的整个过程中出现，只是在某一个时段内出现，或某一时段内大，其余时间较小。考虑干扰的这种特性，分组不能太多也不能太少。分组太多，时段太小反映不了干扰的特性，同时数据量小回归效果不好。分组太少，统计样本少，处理效果也不好。经分析和和试验，取分组数为 6，这样每组的数据量为 100。

2. 加权平均

对标定问题而言，数据处理所关心的是如何从平台姿态角输出数据中辨识出漂移角速度，即回归直线方程 $y=a_i+b_i t$ 中的 b_i。采用分组回归得到的 b_i，相当于对同一个物理量(漂移角速度)多次观察所得的结果。对这六个 b_i 取平均，即可得到所要的漂移角速度。由于外场标定过程中阵风等因素的影响，标定数据在不同时间段内受到不同程度的影响，即每组的回归误差(或残差)不同。考虑不等方差(类似于不等精度测量)的情况，对 b_i 的平均，应采用加权平均。对统计量的加权平均最关键的选取权函数。干扰引起了回归的误差，在选取权函数时，一个自然的想法就是利用这种误差来构造权函数，也就是利用残差来构造权函数。

3. 算法步骤

将数据 $\{y_n\}(n=1, 2, \cdots, 600)$ 等分为 6 组，对每组数据进行最小二乘拟合，得：

(1) $y_i=a_i+b_i t$，$i=1, 2, \cdots, 6$；

(2) 每组的残差为 $v=y(i)-(a+bt_i)$；

(3) 残差平方和：$Q_j=\frac{1}{m-1}\sum_{i=1}^{m}[y(i)-a_j-b_jt_i]^2$，$m=100$；

(4) 取权函数：$w_j=\frac{1}{Q_j}$；

(5) 归一化：$w^*=\frac{w}{C}$，$C=\sum_{j=1}^{6}\frac{1}{Q_j}$；

(6) 对 a_i、b_i 加权平均，得

$$A=\sum_{j=1}^{6}w_j^*a_j,\ B=\sum_{j=1}^{6}w_j^*b_j$$

即最终回归结果为 $y=A+Bt$。

2.4.2　实验结果及分析

对图 2-4-1 的数据，分别采用最小二乘回归和分组回归加权平均的方法进行处理，得到的两组直线如下：

$$y_1=a_1+b_1t=-2417.4-2.9999t$$
$$y_2=a_2+b_2t=-2430.0-2.6787t$$

对两种方法所得结果进行残差分析，结果如图 2-4-2 所示。

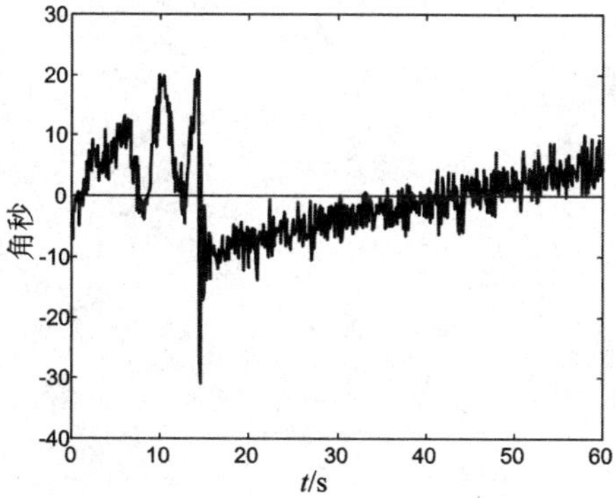

(a) 最小二乘法拟合y_1残差图

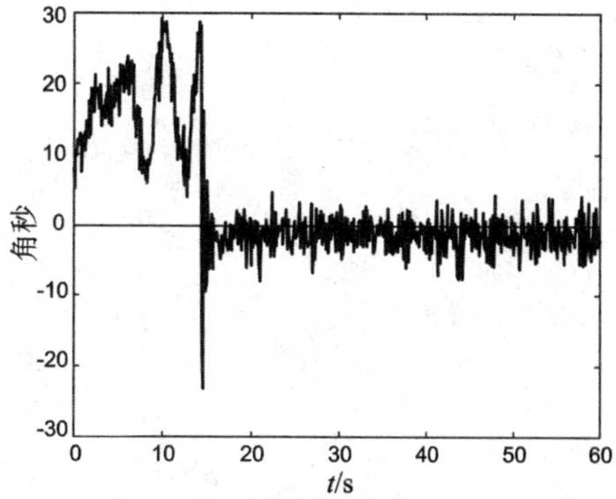

(b) 分组回归加权平均方法拟合y_2残差图

图 2-4-2　用两种方法拟合残差结果

图 2-4-2(a)为采用最小二乘法拟合直线 y_1 的残差图，由图可以看出除了前 150 点外，残差点图的中心线是不平行于横轴的直线，因此 b_1 的估计欠精确。

图 2-4-2(b)为采用分组回归加权平均方法拟合的直线 y_2 的残差图，图中除了前 150 点外，残差点图的中心线是平行于横轴的直线，且中心线偏离横轴是因为前 150 的干扰造成的，因此 a_1、b_1 的估计都是精确的。

通过对比分析表明，该方法能够在大干扰背景下的低信噪比测试数据中提取有用信息，提高参数辨识的精度。

进一步对全部标定数据分别采用最小二乘回归(A)和分组回归加权平均(B)两种方法进行处理，得到结果的误差(1σ 标准差)对比如表 2-4-1 所示。作为对比，表中还列出了

静基座标定试验的结果。

表 2-4-1 三种方法处理结果的误差(标准差)对比

方　法	K_{0X} /(°/h)	K_{0Y} /(°/h)	K_{0Z} /(°/h)	K_{1X} /(°/h·g)	K_{1Y} /(°/h·g)	K_{1Z} /(°/h·g)
A	0.0614	0.0324	0.0264	0.0766	0.0642	0.0310
B	0.0069	0.0083	0.0277	0.0703	0.0332	0.0275
静基座标定	0.0055	0.0077	0.0246	0.0496	0.0207	0.0106

从表 2-4-1 中可以看出，方法 B 所得结果的误差较方法 A，总体水平上有很大下降，基本上与静基座试验结果的误差水平相当。

经用试验数据计算验证，结果表明分组回归加权平均算法对扰动和随机误差的消除效果明显，优于最小二乘法。

第 3 章　建立动态数学模型的频域方法

本章先介绍给定传递函数模型结构，由频率特性数据估计传递函数参数。在此基础上介绍由瞬态响应求传递函数的两步法：第一步由瞬态响应求频率响应；第二步由频率响应求传递函数。最后介绍在测控领域的两步法应用——多谐差相信号激励下的频域建模法。

3.1　系统频响函数估计及图解法求传递函数

对于一个物理可实现的线性时不变系统，系统的输入、输出之间的对应关系都是确定的，即对一个确定的输入 $x(t)$，总有确定的输出 $y(t)$与之对应，如图 3-1-1 所示。

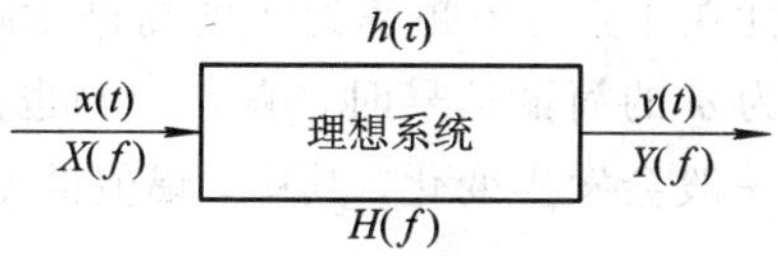

图 3-1-1　理想的单输入、输出系统

当输入(激励)为单位脉冲 $\delta(t)$时，所对应的系统输出(响应)$h(t)$为单位脉冲响应函数，如图 3-1-2 所示。

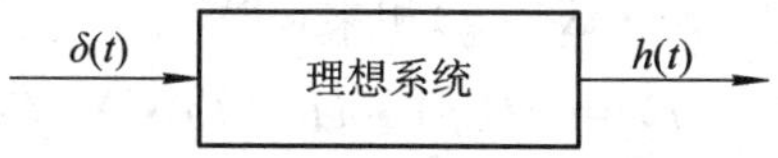

图 3-1-2　单位脉冲响应函数

就理想系统而言，输入与输出之间的映射关系可以用传递函数 $H(s)$来描述。传递函数 $H(s)$是 $h(t)$的拉氏变换，频率响应函数 $H(\omega)$是 $h(t)$的傅立叶变换。单位脉冲响应函数、传递函数和频率响应函数实际上描述的都是理想系统输入、输出之间的传递特性，只是经过不同的线性变换，其形式有所不同，但它们的本质属性却是相同的。

单位脉冲响应函数、传递函数和频率响应函数作为描述系统动态特性的数学模型，由于物理意义直观明确，因此其研究应用历来受到高度重视，相关的建模与应用理论技术的发展也比较成熟。

以下从实验建模的角度出发，介绍频响函数与传递函数估计方法。

3.1.1 系统频响函数估计

本节从理想系统输入、输出之间的传递特性出发，介绍频响函数的功率谱估计法以及基于相干函数的频响函数估计误差分析方法。

1. 理想系统输入、输出之间的传递特性

1）频率响应特性

对于理想系统，设有一个任意的输入 $x(t)$，则系统的输出 $y(t)$ 可由如下的卷积积分式确定：

$$y(t)=\int_0^{+\infty}h(\tau)x(t-\tau)\mathrm{d}\tau\equiv x(t)*h(t) \tag{3-1-1}$$

系统的频响函数为单位脉冲响应函数 $h(t)$ 的傅立叶变换，即

$$H(t)=\int_0^{+\infty}h(\tau)\mathrm{e}^{-\mathrm{j}2\pi f\tau}\mathrm{d}\tau \tag{3-1-2}$$

频响函数的复数极坐标表达式为

$$H(f)=|H(f)|\mathrm{e}^{-\mathrm{j}\varphi(f)} \tag{3-1-3a}$$

或

$$H(\omega)=|H(\omega)|\mathrm{e}^{-\mathrm{j}\varphi(\omega)} \tag{3-1-3b}$$

其中，$|H(f)|$ 称为系统的增益因子，$\varphi(f)$ 称为系统的相位因子(滞后角取正值)。

理想系统的频率响应特性在于：一个频率为 f 的简谐激励将产生一个频率仍为 f 的简谐响应。当激励 $x(t)$ 是频率为 ω 的简谐信号时，响应 $y(t)$ 也是频率为 ω 的简谐信号，但是 $y(t)$ 的幅值和相位相对 $x(t)$ 一般会发生变化。其中，幅值的变化率为 $|H(f)|$，而相位变化则为 $\varphi(\omega)$。

2）频响函数的基本表达式

对于理想系统，由式(3-1-1)根据卷积定理可得

$$Y(f)=H(f)\cdot X(f) \tag{3-1-4}$$

将上式与其共轭 $Y^*(f)=H^*(f)\cdot X^*(f)$ 相乘，得

$$Y(f)\cdot Y^*(f)=H(f)\cdot H^*(f)\cdot X(f)\cdot X^*(f) \tag{3-1-5}$$

$$|Y(f)|^2=|H(f)|^2|X(f)|^2 \tag{3-1-6}$$

由 $G_y(f)=\lim\limits_{T\to\infty}\dfrac{2}{T}|X_T(f)|^2$，将式(3-1-6)两边同乘 $2/T$，并令 T 趋于无穷大，则得到

$$G_y(f)=|H(f)|^2G_x(f) \tag{3-1-7}$$

将式(3-1-4)两边同乘 $X^*(f)$，得

$$Y(f)\cdot X^*(f)=H(f)\cdot X(f)\cdot X^*(f) \tag{3-1-8}$$

由 $G_{xy}(f)=\lim\limits_{T\to\infty}\dfrac{2}{T}X_T(f)Y_T^*(f)$，将式(3-1-8)两边同乘 $2/T$，并令 T 趋于无穷大，便得到

$$G_{xy}(f)=H(f)\cdot G_x(f) \tag{3-1-9}$$

式(3-1-4)、式(3-1-7)和式(3-1-9)是系统频响函数的三个基本表达式，其中式(3-1-7)是一个只含系统增益因子$|H(f)|$的实值公式，而式(3-1-4)、式(3-1-9)是复值公式。式(3-1-7)称为输入/输出自谱关系式，而式(3-1-9)称为输入/输出互谱关系式。

2. 相干函数(凝聚函数)

系统输入 $x(t)$和输出 $y(t)$之间的相干函数是由下式定义的一个实值函数：

$$\gamma_{xy}^2(f)=\frac{|G_{xy}(f)|^2}{G_x(f)G_y(f)} \tag{3-1-10}$$

可以证明

$$0\leqslant \gamma_{xy}^2(f)\leqslant 1$$

相干函数在频域上反映了系统输出 $y(t)$对输入 $x(t)$的依赖关系，其作用在于：在估计系统的频响函数时，我们可以通过相干函数在各频率点的取值大小，来分析频响函数在对应频率点处的估计是否存在误差，是什么类型的误差，大小如何。

如果 $x(t)$、$y(t)$是一对理想系统的输入、输出信号，根据式(3-1-7)、式(3-1-9)，可得

$$\gamma_{xy}^2(f)=\frac{|H(f)\cdot G_x(f)|^2}{G_x(f)|H(f)|^2G_x(f)}=1 \tag{3-1-11}$$

与此相反，如果 $x(t)$和 $y(t)$是两个完全不相关的信号，那么

$$G_{xy}(f)=2\int_{-\infty}^{+\infty}R_{xy}(\tau)\mathrm{e}^{-\mathrm{j}2\pi f\tau}\mathrm{d}\tau=0 \tag{3-1-12}$$

于是有

$$\gamma_{xy}^2(f)=0 \tag{3-1-13}$$

实际系统的输入和输出之间的相干函数取值一般在(0，1)之间。

3. 频响函数的估计

这里主要讨论一下频响函数的功率谱估计式。

在实验建模中，频响函数最简单的估计方法是利用频响特性通过扫频实验得到频响函数曲线；其次，可以利用式(3-1-4)～式(3-1-9)估计系统的频响函数，其中最常用的是基于式(3-1-7)和式(3-1-9)的功率谱估计式，即

$$|\hat{H}(f)|^2=\frac{\hat{G}_y(f)}{\hat{G}_x(f)} \tag{3-1-14}$$

$$\hat{H}(f)=\frac{\hat{G}_{xy}(f)}{\hat{G}_x(f)} \tag{3-1-15}$$

实验测试时，可以通过平稳随机信号激励，然后测试激励/响应信号，最后通过平滑估计得到系统输入/输出的功率谱。

相干函数的估计式为

$$\hat{\gamma}_{xy}^2(f)=\frac{|\hat{G}_{xy}(f)|^2}{\hat{G}_x(f)\hat{G}_y(f)} \tag{3-1-16}$$

注意：由直接估计式得到的功率谱估计，是一个自由度 $n=2$ 的估计。为了减少随机误差，上述功率谱估计必须作平滑处理，才能保证频响函数具有一定的估计精度。

3.1.2　图解法求传递函数

最小相位系统(在右半 s 平面无零、极点)的传递函数通常可用一些基本环节描述如下：

$$H(s)=\frac{K\prod_{i=1}^{p}(T_{1i}s+1)\prod_{i=1}^{q}(T_{2i}^{2}s^{2}+2T_{2i}\varepsilon_{2i}s+1)}{s^{n}\prod_{i=1}^{r}(T_{3i}s+1)\prod_{i=1}^{m}(T_{4i}^{2}s^{2}+2T_{4i}\varepsilon_{4i}s+1)} \qquad (3-1-17)$$

其中，基本放大环节包括：

(1) K：放大环节。

(2) 微分(积分)环节：

$\frac{1}{s}$：积分环节，幅频特性曲线为－20 dB 的一条直线，相频特性为－90°。

s 为微分环节，幅频特性曲线为 20 dB 的一条直线，相频特性为 90°。

(3) 一阶环节：

$\frac{1}{Ts+1}$：惯性环节，幅频特性曲线为－20 dB，相频为 0°～－90°。

$Ts+1$：导前环节(一阶微分比例)，幅频特性曲线为 20 dB 的一条直线，相频为 0°～90°。

(4) 二阶环节：

$\frac{1}{T^2s^2+2T\varepsilon s+1}$：振荡环节，幅频特性曲线为－40 dB 的一条直线，相频为 0°～－180°。

$T^2s^2+2T\varepsilon s+1$：二阶微分比例，幅频特性曲线为 40 dB 的一条直线，相频为 0°～180°。

(5) 延时环节 e^{-Ts}，幅频特性曲线为 0 dB，相频为 0°～－∞。

若通过实验测取了对象的频率响应，则可利用各种基本环节频率响应的渐近特性，求得传递函数，具体的做法是：利用一些斜率拐点，便可写出式(3-1-17)的传递函数，参见表 3-1-1。

表 3-1-1　传 递 函 数

名　称	频率特性	幅频与相频特性	对数频率特性
放大环节 (比例环节)	K	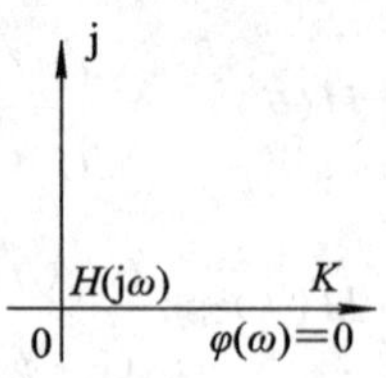	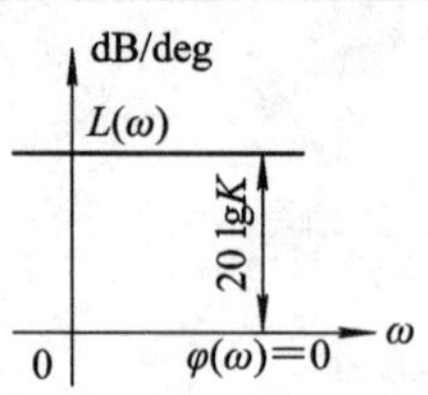
惯性环节 (非周期环节)	$\frac{1}{Tj\omega+1}$	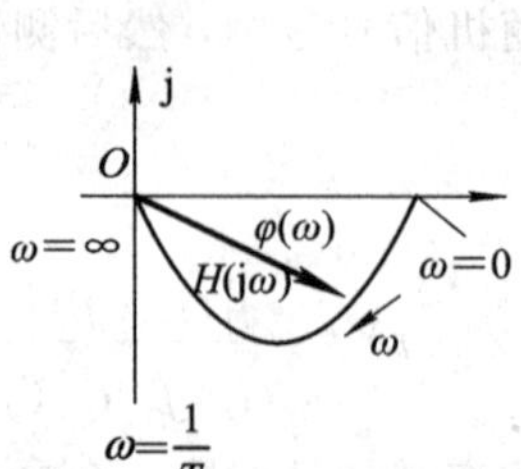	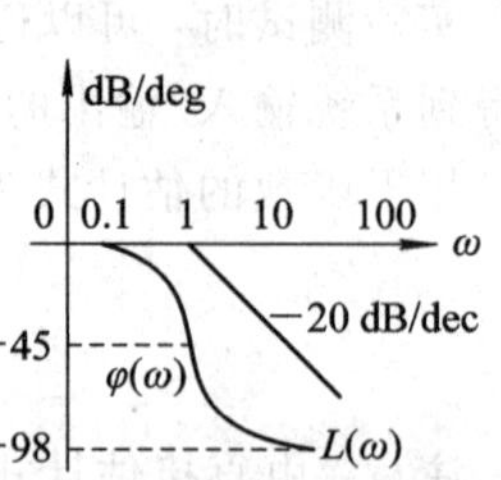

续表

名　称	频率特性	幅频与相频特性	对数频率特性
振荡环节	$\frac{1}{T^2(j\omega)^2+2T\varepsilon j\omega+1}$	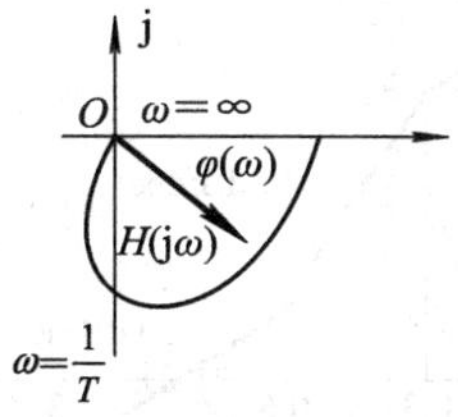	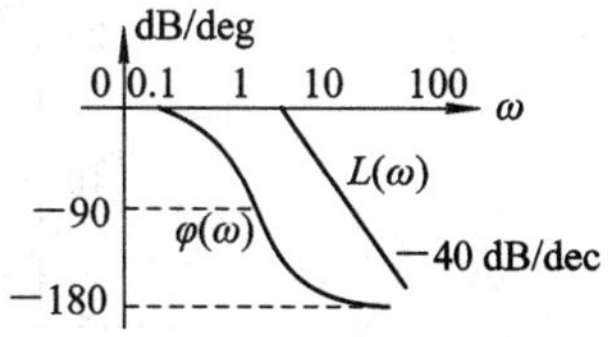
积分环节	$\frac{1}{j\omega}$	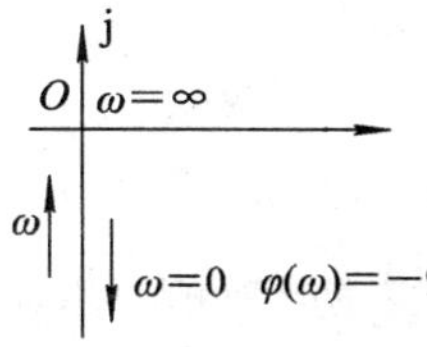	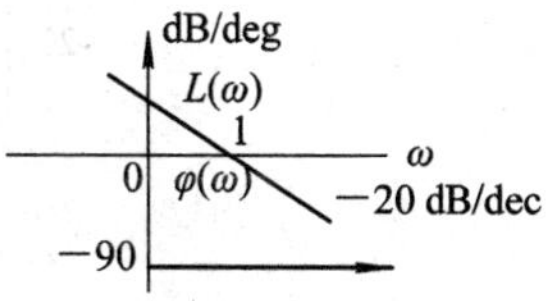
微分环节	$j\omega$	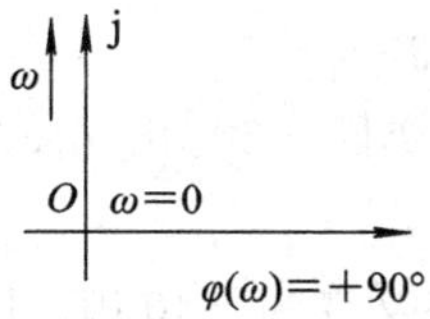	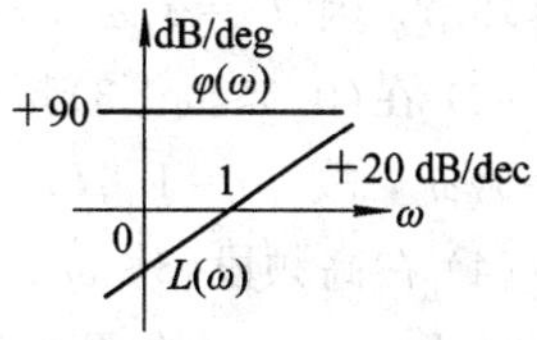
一阶微分 比例环节	$Tj\omega+1$	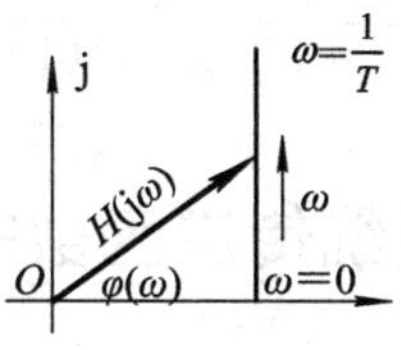	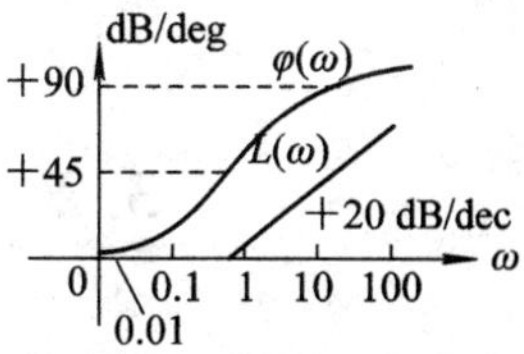
二阶微分 比例环节	$T^2(j\omega)^2+2T\varepsilon j\omega+1$	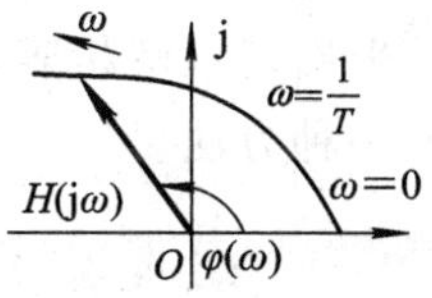	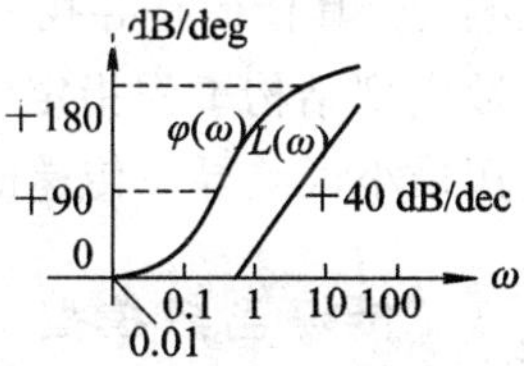

例 3.1.1　已知实验频率响应如图 3-1-3 所示，求对应的传递函数。

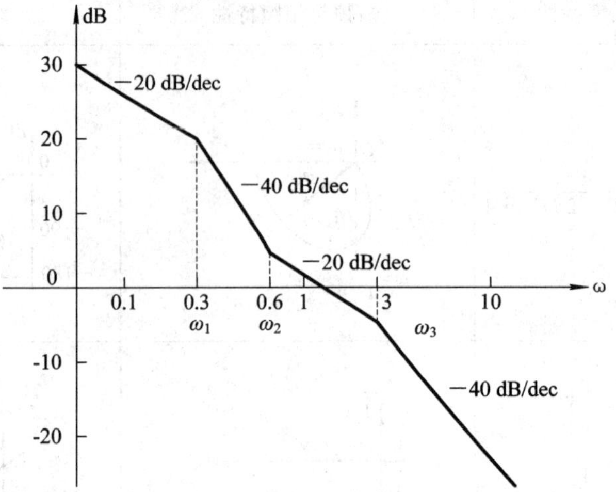

图 3-1-3　实验频率响应(用直线段逼近)

(1) 在低频段($0.1\leqslant\omega\leqslant0.3$)，基本环节应为 K/s。因为 $20\lg\|K/s\|_{\omega=0.1}=30$，故 $K=3.16$。

(2) 在($0.3\leqslant\omega\leqslant0.6$)频段，斜率由 −20 dB/dec 变为 −40 dB/dec，需增加一个 $1/(T_1s+1)$ 基本环节。因 $T_1=1/\omega_1$，故 $T_1=3.3$。

(3) 在($0.6\leqslant\omega\leqslant3$)频段，斜率变回 −20 dB/dec，需增加一个(T_2s+1)基本环节。因 $T_2=1/\omega_2$，故 $T_2=1.67$。

(4) 在高频段($3\leqslant\omega\leqslant10$)，频率又变为 −40 dB/dec，需要增加一个 $1/(T_3s+1)$ 基本环节。因 $T_3=1/\omega_3$，故 $T_3=0.33$。

综合上述各个基本环节，可得实验系统的传递函数为

$$H(s)=\frac{3.16\times(1+1.67s)}{s(1+3.3s)(1+0.33s)} \tag{3-1-18}$$

3.2　线性系统传递函数的频域辨识法

与图解法不同的另一类根据频率特性求出被辨识对象的参数模型的方法是面向计算机的各种方法，这类方法可分为插值法和最小误差法。采用插值法时，假定所有的测量值都是准确的，其任务是寻找一个解析表达式，它满足所测的每一个测量值。最小误差法则是在参数模型结构事先指定的情况下，来确定该解析表达式的各个参数。这里我们要讨论的就是用最小误差寻找传递函数参数的一种方法。

3.2.1　传递函数模型的形式

单输入/输出线性系统的传递函数通常可写成下述有理分式的形式：

$$G(s)=\frac{b_ms^m+b_{m-1}s^{m-1}+\cdots+b_1s+b_0}{s^n+a_{n-1}s^{n-1}+\cdots+a_1s+a_0},\quad m<n \tag{3-2-1}$$

实际系统常常可能有一定的传递延迟特性。有的系统的某些零、极点的影响可用一个延迟因子的作用来近似，从而使等价的传递函数模型阶次较低。因此，设传递函数模型为如下形式，适用性会更加广泛一些：

$$G(s,\boldsymbol{\theta},\tau)=\frac{b_m s^m+b_{m-1}s^{m-1}+\cdots b_1 s+b_0}{s^n+a_{n-1}s^{n-1}+\cdots+a_1 s+a_0}\cdot e^{-\tau s}=\frac{N(s,\boldsymbol{b})}{D(s,\boldsymbol{a})}\cdot e^{-\tau s} \tag{3-2-2}$$

式中，$\theta=[a_0 a_1 \cdots a_{n-1} b_0 b_1 \cdots b_m]^T$，$\boldsymbol{b}=[b_0 b_1 \cdots b_m]^T$，$\boldsymbol{a}=[a_0 a_1 \cdots a_{n-1}]^T$。

因而，待辨识的模型参数为多项式系数阵 $\boldsymbol{\theta}$ 与延迟时间 τ，模型的结构参数为多项式 $N(s)$、$D(s)$ 的阶次 n、m。

3.2.2　延迟时间 τ 已知时参数 $\boldsymbol{\theta}$ 的估计方法

当延迟时间 τ 为给定的已知量 $\hat{\tau}_c$ 时，模型式可以写为

$$G(s,\boldsymbol{\theta},\hat{\tau}_c)=G(s,\boldsymbol{\theta})=\frac{N(s,\boldsymbol{b})}{D(s,\boldsymbol{a})}e^{-\hat{\tau}_c s} \tag{3-2-3}$$

1. 基本指标函数

基本指标函数定义为

$$J(\boldsymbol{\theta})=\sum_{k=1}^{N}|e_k|^2 \tag{3-2-4}$$

式中，e_k 为模型计算频响与系统实验频响在给定频率点上的误差，即

$$e_k=G(j\omega_k)-G(j\omega_k,\boldsymbol{\theta},\hat{\tau}_c)=G(j\omega_k)-\frac{N(j\omega_k,\boldsymbol{b})}{D(j\omega_k,\boldsymbol{a})}e^{-j\omega_k\hat{\tau}_c} \tag{3-2-5}$$

在使指标函数 $J(\boldsymbol{\theta})$ 最小的准则下求参数 $\boldsymbol{\theta}$ 的最佳估计 $\hat{\boldsymbol{\theta}}$。

使 $J(\boldsymbol{\theta})$ 取极小值的必要条件是：

$$\begin{cases}\left.\dfrac{\partial J}{\partial a_j}\right|_{a_j=\hat{a}_j}=0, & j=0,1,2,\cdots,n-1\\[2ex]\left.\dfrac{\partial J}{\partial b_j}\right|_{b_j=\hat{b}_j}=0, & j=0,1,2,\cdots,m\end{cases} \tag{3-2-6}$$

求解式(3-2-6)，可得到参数 $\boldsymbol{\theta}$ 的最佳估计 $\hat{\boldsymbol{\theta}}$。

然而由 $G(s,\boldsymbol{\theta})$ 的形式和式(3-2-4)与式(3-2-5)可以看出，式(3-2-6)将导致一个较复杂的非线性方程组，求解十分困难。

2. 修改指标函数

为了避免解非线性方程组的困难，将误差函数 e_k 修改为如下形式：

$$e_k'=e_k\cdot D(j\omega_k,a)=G(j\omega_k)\cdot D(j\omega_k,a)-N(j\omega_k,b)e^{-j\omega_k\hat{\tau}_c} \tag{3-2-7}$$

相应的指标函数变为

$$J'(\boldsymbol{\theta})=\sum_{k=1}^{N}|e_k|^2 \tag{3-2-8}$$

由

$$\begin{cases}\left.\dfrac{\partial J'}{\partial a_j}\right|_{a_j=\hat{a}_j'}=0, & j=0,1,2,\cdots,n-1\\[2ex]\left.\dfrac{\partial J'}{\partial b_j}\right|_{b_j=\hat{b}_j'}=0, & j=0,1,2,\cdots,m\end{cases} \tag{3-2-9}$$

可以得到一个线性代数方程组，从而可方便地求出使 $J'(\boldsymbol{\theta})$ 为最小的参数估计 $\hat{\boldsymbol{\theta}}'$。

具体方法是：将前面的误差式变形为

$$D(\mathrm{j}\omega_i)\varepsilon(\mathrm{j}\omega_i) = D(\mathrm{j}\omega_i)H_m(\mathrm{j}\omega_i) - N(\mathrm{j}\omega_i) \tag{3-2-10}$$

上式成立的条件是：传递函数 $H(\mathrm{j}\omega)$ 的分母中不包括任何纯积分元件。将上式分为实部和虚部：

$$D(\mathrm{j}\omega_i)\varepsilon(\mathrm{j}\omega_i) = A(\omega_i) + \mathrm{j}B(\omega_i) \tag{3-2-11}$$

幅值平方为

$$|D(\mathrm{j}\omega_i)\varepsilon(\mathrm{j}\omega_i)|^2 = A^2(\omega_i) + B^2(\omega_i) \tag{3-2-12}$$

定义一个新的误差准则函数

$$J = \sum_{i=0}^{k} |D(\mathrm{j}\omega_i)\varepsilon(\mathrm{j}\omega_i)|^2 = \sum_{i=0}^{k} [A^2(\omega_i) + B^2(\omega_i)] \tag{3-2-13}$$

使 $J \to \min$。式中，k 为采样点数。

$$A(\omega_i) = \sigma_i R_i - \omega_i \tau_i I_i - \alpha_i$$
$$B(\omega_i) = \omega_i \tau_i R_i + \sigma_i I_i - \omega_i \beta_i$$

而且

$$R_i = \mathrm{Re}(\omega_i), \quad I_i = \mathrm{lm}(\omega_i)$$
$$\alpha_i = b_0 - b_2\omega_i^2 + b_4\omega_i^4 - \cdots$$
$$\beta_i = b_1 - b_3\omega_i^2 + b_5\omega_i^4 - \cdots$$
$$\sigma_i = 1 - a_2\omega_i^2 + a_4\omega_i^4 - \cdots$$
$$\tau_i = a_1 - a_3\omega_i^2 + a_5\omega_i^4 - \cdots$$

所以

$$J = \sum_{i=0}^{k} [(\sigma_i R_i - \omega_i \tau_i I_i - \alpha_i)^2 + (\omega_i \tau_i R_i + \sigma_i I_i - \omega_i \beta_i)^2] \tag{3-2-14}$$

将 J 对每个系数 b_i 和 a_i 求偏导，并令结果为 0，且将 α_i、β_i、σ_i、τ_i 表达式代入，便得到下列线性联立方程：

$$\begin{bmatrix}
V_0 & 0 & -V_2 & 0 & V_4 & \cdots & T_1 & S_2 & -T_3 & -S_4 & T_5 & \cdots \\
0 & V_2 & 0 & -V_4 & 0 & \cdots & -S_2 & T_3 & S_4 & -T_5 & -S_6 & \cdots \\
V_2 & 0 & -V_4 & 0 & V_6 & \cdots & T_3 & S_4 & -T_5 & -S_6 & T_7 & \cdots \\
0 & V_4 & 0 & -V_6 & 0 & \cdots & -S_4 & T_5 & S_6 & -T_7 & -S_8 & \cdots \\
V_4 & 0 & -V_6 & 0 & V_8 & \cdots & T_5 & S_6 & -T_7 & -S_8 & T_9 & \cdots \\
\vdots & \vdots & \vdots & \vdots & \vdots & & \vdots & \vdots & \vdots & \vdots & \vdots & \\
T_1 & -S_2 & -T_3 & S_4 & T_5 & \cdots & U_2 & 0 & -U_4 & 0 & U_6 & \cdots \\
S_2 & T_3 & -S_4 & -T_5 & S_6 & \cdots & 0 & U_4 & 0 & -U_6 & 0 & \cdots \\
T_3 & -S_4 & -T_5 & S_6 & T_7 & \cdots & U_4 & 0 & -U_6 & 0 & V_8 & \cdots \\
S_4 & T_5 & -S_6 & -T_7 & S_8 & \cdots & 0 & U_6 & 0 & -V_8 & 0 & \cdots \\
T_5 & -S_6 & -T_7 & S_8 & T_9 & \cdots & U_6 & 0 & -V_8 & 0 & V_{10} & \cdots \\
\vdots & \vdots & \vdots & \vdots & \vdots & & \vdots & \vdots & \vdots & \vdots & \vdots &
\end{bmatrix}
\begin{bmatrix} b_0 \\ b_1 \\ b_2 \\ b_3 \\ b_4 \\ \vdots \\ a_1 \\ a_2 \\ a_3 \\ a_4 \\ a_5 \\ \vdots \end{bmatrix}
=
\begin{bmatrix} S_0 \\ T_1 \\ S_2 \\ T_3 \\ S_4 \\ \vdots \\ 0 \\ U_2 \\ 0 \\ U_4 \\ 0 \\ \vdots \end{bmatrix}$$

(3-2-15)

其中

$$\begin{cases} V_j = \sum_{i=0}^{k} \omega_i^j \\ S_j = \sum_{i=0}^{k} \omega_i^j R_i \\ T_j = \sum_{i=0}^{k} \omega_i^j I_i \\ U_j = \sum_{i=0}^{k} \omega_i^j (R_i^2 + I_i^2) \end{cases} \tag{3-2-16}$$

求解上述线性方程组，就可得到传递函数 $H(\mathrm{j}\omega)$中的系数 a_i、b_i，即由离散频率点来求出传递函数。这一方法称为 Levy 法。

然而式(3-2-7)意味着对 e_k进行了加权处理，其结果是所得到的模型 $G(s, \hat{\boldsymbol{\theta}}')$的频率特性在某些频段，特别是在低频段不能很好地吻合 $G(\mathrm{j}\omega_k)$。这是所不希望的。为解决此问题，将指标函数作如下修改。

3. 指标函数的迭代形式

将指标函数改为如下形式：

$$\begin{aligned} J_l'(\boldsymbol{\theta}) &= \sum_{k=1}^{N} \frac{|e_k'|^2}{|D(\mathrm{j}\omega_k, \hat{a}_{l-1})|^2} \\ &= \sum_{k=1}^{N} \left| \frac{G(\mathrm{j}\omega_k) \cdot D(\mathrm{j}\omega_k, \boldsymbol{a})}{D(\mathrm{j}\omega_k, \hat{a}_{l-1}')} - \frac{N(\mathrm{j}\omega_k, \boldsymbol{b})}{D(\mathrm{j}\omega_k, \hat{a}_{l-1}')} \cdot \mathrm{e}^{-\mathrm{j}\omega_k \hat{\tau}_c} \right|^2 \\ &= \sum_{k=1}^{N} M_k^{(l-1)} |e_k'|^2 \end{aligned} \tag{3-2-17}$$

式中

$$M_k^{(l-1)} = \frac{1}{|D(\mathrm{j}\omega_k, \hat{a}_{l-1})|^2}$$

其中，下标 l 表示迭代次数。$\hat{a}_{l-1}'$是第 $l-1$ 次迭代中求出的估计量，它使 $J_{l-1}'(\boldsymbol{\theta})$达到最小值。

由式(3-2-17)可见，当$\hat{a}_{l-1}'$接近$\hat{a}_l'$时，对 e_k的加权值将接近常数 1，便可以获得接近 $\hat{\boldsymbol{\theta}}$ 的估计量 $\hat{\boldsymbol{\theta}}'$。

4. 参数估计的线性方程组

对式(3-2-17)求偏导数，并令其为零，经过推导整理，可得到矩阵方程组

$$\boldsymbol{A}^{(l)} \boldsymbol{\theta} = \boldsymbol{C}^{(l)} \tag{3-2-18}$$

解矩阵方程式(3-2-18)，可得到第 l 次迭代的参数估计 $\hat{\theta}_l'$。

3.2.3 延迟时间 τ 未知时参数的估计方法

1. 求延迟时间 τ

一般情况下，系统可能存在的输出延迟 τ 是未知的。若 τ 的影响不可忽略，而模型中

没有考虑延迟因子，即在模型式(3-2-3)中置 $\hat{\tau}_c=0$ 时，模型阶数要较高才能较好地吻合给定的频响数据 $G(\mathrm{j}\omega_k)$。因此有必要在估计参数 $\boldsymbol{\theta}$ 的同时对 τ 作出估计。

然而由前面的讨论可以看出，当 τ 作为待估参数时，模型式(3-2-2)的参数之间的关系更加复杂，用前述方法已不能解决最小化 $J(\boldsymbol{\theta})$ 时出现的非线性问题。为使问题简化，必须设法将 τ 的估计与 $\boldsymbol{\theta}$ 的估计分开加以处理。

设

$$
\begin{aligned}
G(\mathrm{j}\omega_k,\hat{\theta}'_l,0)&=\frac{N(\mathrm{j}\omega_k,\hat{\theta}'_l)}{D(\mathrm{j}\omega_k,\hat{a}'_l)}=A(\mathrm{j}\omega_k,\hat{\theta}'_l)\cdot \mathrm{e}^{\mathrm{j}\varphi(\omega_k,\hat{\theta}'_l)}\\
&=\hat{A}(\omega_k)\cdot \mathrm{e}^{\mathrm{j}\hat{\varphi}(\omega_k)}
\end{aligned}\tag{3-2-19}
$$

$G(\mathrm{j}\omega_k)=R_k+\mathrm{j}I_k=A(\omega_k)\cdot \mathrm{e}^{\mathrm{j}\varphi(\omega_k)}$ 与 $G(\mathrm{j}\omega_k,\hat{\theta}'_l,0)$ 具有最小相位特性，所以当系统存在着有显著影响的传递延迟或模型的阶次较低时，用 $G(\mathrm{j}\omega_k,\hat{\theta}'_l,0)$ 拟合 $G(\mathrm{j}\omega_k)$ 的结果将在感兴趣的频率范围内出现 $\hat{\varphi}(\omega)$ 超前于 $\varphi(\omega)$ 的趋势。

延迟因子 $\mathrm{e}^{-s\tau}$ 的显著特点是其幅频特性恒等于 1，而相移与频率成正比。因此，在已得到的模型 $G(\mathrm{j}\omega_k,\hat{\theta}'_l,0)$ 上加一个延迟因子，并不影响幅频特性 $\hat{A}(\omega)$，只是使相频 $\hat{\varphi}(\omega)$ 发生变化。现考虑加上 $\mathrm{e}^{-s\tau}$ 后使模型相频与系统相频数据在最小二乘意义上最好地吻合。定义

$$
\begin{aligned}
J_\varphi(\tau)&=\sum_{k=1}^{N}\{\varphi(\omega_k)-[\hat{\varphi}(\omega_k)+\angle \mathrm{e}^{-\mathrm{j}\omega_k\tau}]\}^2\\
&=\sum_{k=1}^{N}[\varphi(\omega_k)-\hat{\varphi}(\omega_k)+\omega_k\tau]^2
\end{aligned}\tag{3-2-20}
$$

令

$$
\frac{\mathrm{d}J_\varphi}{\mathrm{d}\tau}=\sum_{k=1}^{N}2\omega_k[\varphi(\omega_k)-\hat{\varphi}(\omega_k)+\omega_k\tau]\Big|_{\tau=\hat{\tau}}=0
$$

即得

$$
\hat{\tau}=\frac{\sum\limits_{k=1}^{N}[\hat{\varphi}(\omega_k)-\varphi(\omega_k)]\cdot\omega_k}{\sum\limits_{k=1}^{N}\omega_k^2}\tag{3-2-21}
$$

由式(3-1-21)可见，能够获得估计值 $\hat{\tau}$ 的条件是

$$
\sum_{k=1}^{N}[\hat{\varphi}(\omega_k)-\varphi(\omega_k)]\cdot\omega_k>0
$$

可以认为，此条件是 $\hat{\varphi}(\omega)$ 超前 $\varphi(\omega)$ 趋势的说明，也是系统可能存在的延迟的影响是否显著的判据。

得到 $\hat{\tau}$ 后，将模型式(3-2-3)中置 $\hat{\tau}_c=\hat{\tau}$，可望得到参数 $\boldsymbol{\theta}$ 的一个更好的估计。由此采用估计参数 $\boldsymbol{\theta}$ 与 τ 的张驰算法。

2. 估计 θ 与 τ 的张驰算法

张驰算法的步骤如下：

(1) 设 $\hat{\tau}_c=0$，$i=0$。

(2) 迭代求解最佳估计 $\hat{\theta}'_l \overset{\text{def}}{=} \hat{\theta}'_{li}$，$J(\hat{\theta}'_l) \overset{\text{def}}{=} J_i$。当 $J_i>J_{i-1}(i>0)$时，计算停止。

(3) 求 $\hat{\varphi}(\omega_k)=\angle G(\mathrm{j}\omega_k, \hat{\theta}'_{li}, 0)$。

(4) 据式(3-1-21)求 $\hat{\tau}$。若 $\hat{\tau}\leqslant 0$，计算停止。

(5) 令 $\hat{\tau}_c=\tau$，$i=i+1$，回到步骤(2)。

模拟计算和实际应用都表明此算法是有效的。式(3-2-18)的计算非常简单，没有给整个参数估计过程增加新的复杂性，但计算量由于张驰迭代而有所增加。

3.2.4 模型结构的判定

如前所述，模型参数估计是在模型结构，即传递函数阶次确定的情况下进行的。如何选择合适的阶次 n、m，是一个需要解决的重要问题。一种方法是根据系统幅频、相频特性曲线的形态来估计 n、m，但一般来说，这样做既费事又很粗糙。另一种方法是试着计算几种不同的模型结构，对拟合效果加以比较择其最优者。对于后一种方法，有的依据不同阶次下指标函数值的变化进行判别，但这样做缺乏一个明确的标准，且同样需要计算多组模型，使计算量大为增加。一些文献给出了一种“零—极相消”与“远零(极)点消去”法来判定最终模型的阶次。用“零—极相消”法辨识差分模型结构已有较详细的研究，对于传递函数模型的阶次判定方法更为适用，其具有意义明确、容易在程序中实现和计算量较小等优点。

“零—极相消”与“远零(极)点消去”法的基本原理是，通过对一个初始的阶数足够高的模型进行零、极点分析，找出存在的彼此充分靠近的零、极点和在 s 平面上距离原点充分远的零(极)点，忽略它们的影响(消去)，从而判断出一个合理的较低阶模型结构。由于传递函数零、极点分布与其频率特性之间存在着直接联系，因此这种方法可以得到一个十分直观的解释，最终模型结构的合理性比较明确。

为了在计算中自动作出判断，要解决三个问题：

(1) 设合适的模型阶次为 $\hat{n}$、$\hat{m}$，选择初始模型的阶次 n、m，使 $n>\hat{n}$、$m>\hat{m}$，且使 $\lambda=n-m$ 与 $\hat{\lambda}=\hat{n}-\hat{m}$ 尽量接近。

(2) 给出判定一对零、极点“充分靠近”的定量条件。

(3) 给出判定一个零(极)点距离原点“充分远”的定量条件。

对于第一个问题，由于对最小相位系统有 $\lim\limits_{\omega\to\infty}\varphi(\omega)=-\dfrac{\pi}{2}\cdot\hat{\lambda}$，一般总可保证 $|\lambda-\hat{\lambda}|\leqslant 1$，因此初始阶次 n、m 选得偏高一些问题不大。

后两个问题显得复杂一些。但有以下两个判定条件：

(1) 对极点 P_j 与零点 Z_j，若满足

$$\delta=\frac{|P_j-Z_i|}{|R_{P_j}-R_{Z_i}|}<\varepsilon \tag{3-2-22}$$

则认为它们“充分靠近”，模型阶次 n、m 可同时减 1。式中 ε 为预先给定的一个小于 1 的正数；R_{P_j} 与 R_{Z_i} 分别为极点 P_j 和零点 Z_i 的实部。

(2) 若零点(或极点)S_j满足

$$R_{S_j} > c\omega_n \qquad (3-2-23)$$

则它距原点“充分远”，m(或 n)可减 1。ω_n为拟合数据最高角频率。

判据式(3-2-22)用极点 P_j和零点 Z_i在 s 平面上的相对距离作为衡量靠近程度的标准，比较合理，应用也方便。ε可根据情况选择。若数据噪声较大，则 ε 可选得大一些，一般可取 $\varepsilon=0.1$ 左右。判据式(3-2-23)主要从所论零(极)点在有意义的频率范围内可能产生的影响大小考虑，一般可取 $c=1\sim3$，具体值视所给数据情况而定。

3.3 由瞬态响应求传递函数的两步法

3.3.1 两步法的基本思路

将由瞬态响应求频率响应的各种方法与由频率响应估计传递函数参数的方法结合起来，便可以解决由瞬态响应建立传递函数模型的问题，亦即第一步由瞬态响应求频率响应，第二步由频率响应求传递函数，这就是两步法的基本思路，如图 3-3-1 所示。

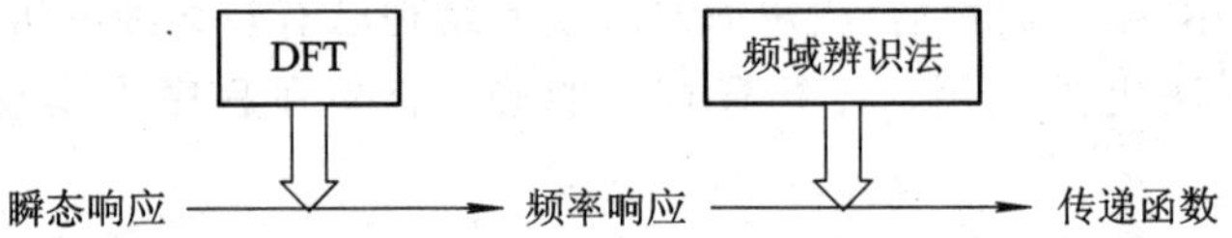

图 3-3-1　两步法的基本思路

第一步由瞬态响应求频率响应可以用 WFFT 或 FFT 算法，得到频域非参数模型；第二步由频率响应求传递函数，可以用共轭斜率法或频域辨识法。求出传递函数模型后，由传递函数计算频率特性的回归值 $\hat{G}(j\omega)$，将其与用于建模的频率特性 $G(j\omega)$相比较，以检查模型的频域回归效果。

3.3.2 应用中应注意的问题

两步法实际应用时应注意有关参数的选取以及滤波和数据处理问题，关于参数选取应注意以下三个问题。

1. 采样间隔 Δt

对于非周期的瞬态响应，对其过渡过程的采样点数不应少于 50 个点，即

$$\Delta t \leqslant \frac{T}{50} \qquad (3-3-1)$$

式中，T 为响应时间。

对于有衰减振荡瞬态响应，应保证在每个振荡周期内采样 10 个点以上，即

$$\Delta t \leqslant \frac{T_f}{10} \qquad (3-3-2)$$

式中，T_f为振荡周期。

2. 采样容量 N

应保证在 $t \geq N \cdot \Delta t$ 时，瞬态响应 $y(t) \approx 0$(指经预处理之后)。$y(N \cdot \Delta t)$必须足够小，不能随意截断。

3. 频谱分辨率

在实际计算过程中，如发现频率间隔过大，则

$$\Delta\omega = \frac{2\pi}{N \cdot \Delta t} \tag{3-3-3}$$

应在$\{y(k), k=1, 2, \cdots, N\}$之后补 $N'-N$ 个零，并使 N'满足下式：

$$N' = \frac{2\pi}{N \cdot \Delta t} \tag{3-3-4}$$

并为 2 的整次幂，以保证足够的分辨率($\Delta\omega_d$为所要求的分辨率)，这里 $y(k)$已经过预处理。还应指出，如受条件限制，采样容量 N 不是 2 的整次幂时，也要用补零的方法使其成为 2 的整次幂。

3.4 多谐差相信号激励下的频域建模法

3.4.1 频域建模法的一般原理

这里讨论对 MIMO 系统的建模。以一个二输入/二输出线性系统为对象，系统的结构如图 3－4－1 所示。

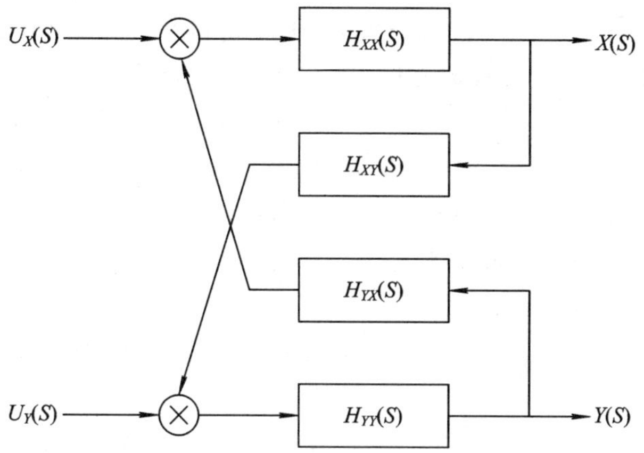

图 3－4－1　MIMO 系统结构图

系统方程为

$$\begin{cases} X(S) = [U_X(S) + H_{YX}(S)Y(S)]H_{XX}(S) \\ Y(S) = [U_Y(S) + H_{XY}(S)X(S)]H_{YY}(S) \end{cases} \tag{3-4-1}$$

若系统的结构已知，设

$$\begin{cases} H_{XX}(S)=\dfrac{1}{a_nS^n+a_{n-1}S^{n-1}+\cdots+a_1S+a_0} \\ H_{YY}(S)=\dfrac{1}{b_nS^n+b_{n-1}S^{n-1}+\cdots+b_1S+b_0} \\ H_{XY}(S)=c_nS^n+c_{n-1}S^{n-1}+\cdots+c_1S+c_0 \\ H_{YX}(S)=d_nS^n+d_{n-1}S^{n-1}+\cdots+d_1S+d_0 \end{cases} \tag{3-4-2}$$

则由式(3-4-1)和式(3-4-2)有

$$\begin{cases} a_nS^nX(S)+a_{n-1}S^{n-1}X(S)+\cdots+a_1SX(S)+a_0X(S) \\ =U_X(S)+c_nS^nY(S)+c_{n-1}S^{n-1}Y(S)+\cdots+c_1SY(S)+c_0Y(S) \\ b_nS^nY(S)+b_{n-1}S^{n-1}Y(S)+\cdots+b_1SY(S)+b_0Y(S) \\ =U_Y(S)+d_nS^nX(S)+d_{n-1}S^{n-1}X(S)+\cdots+d_1SX(S)+d_0X(S) \end{cases} \tag{3-4-3}$$

令 $S=\mathrm{j}\omega$，变为

$$\begin{cases} a_n(\mathrm{j}\omega)^nX(\omega)+a_{n-1}(\mathrm{j}\omega)^{n-1}X(\omega)+\cdots+a_1(\mathrm{j}\omega)X(\omega)+a_0X(\omega) \\ -c_n(\mathrm{j}\omega)^nY(\omega)-c_{n-1}(\mathrm{j}\omega)^{n-1}Y(\omega)-\cdots-c_1(\mathrm{j}\omega)Y(\omega)-c_0Y(\omega) \\ =U_X(\mathrm{j}\omega) \\ -d_n(\mathrm{j}\omega)^nX(\omega)-d_{n-1}(\mathrm{j}\omega)^{n-1}X(\omega)-\cdots-d_1(\mathrm{j}\omega)X(\omega)-d_0X(\omega) \\ +b_n(\mathrm{j}\omega)^nY(\omega)+b_{n-1}(\mathrm{j}\omega)^{n-1}Y(\omega)+\cdots b_1(\mathrm{j}\omega)Y(\omega)+b_0Y(\omega) \\ =U_Y(\mathrm{j}\omega) \end{cases} \tag{3-4-4}$$

其中，$U_{X(\omega)}$、$U_{Y(\omega)}$分别为激励信号 $u_{x(t)}$、$u_{y(t)}$的频谱，$X(\omega)$、$Y(\omega)$分别是响应信号 $x(t)$、$y(t)$的频谱。

取 $\omega=k\cdot\omega_0$（$k=1, 2, \cdots, N$，$\omega_0=2\pi/T$）时，可得 $2N$ 个复型代数方程，将每个方程的实、虚部分开，得 $4N$ 个实型代数方程。写成矩阵形式为

$$\boldsymbol{XA}=\boldsymbol{Y} \tag{3-4-5}$$

其中，$\boldsymbol{X}$，$\boldsymbol{Y}$ 为由 $k\cdot\omega_0$、$X(k)$、$Y(k)$、$U_{X(k)}$ 和 $U_{Y(k)}$ 构成的已知阵，$\boldsymbol{A}$ 为由 a_n，…，a_0，b_n，…，b_0，c_n，…，c_0，d_n，…，d_0构成的待估参数向量。

当 $n=8$ 时，$\boldsymbol{X}$、$\boldsymbol{Y}$、$\boldsymbol{A}$ 的形式如下：

$$\boldsymbol{X}=\begin{bmatrix} \omega_1^8X^r(\omega_1) & \omega_1^7X^i(\omega_1) & -\omega_1^6X^r(\omega_1) & -\omega_1^5X^i(\omega_1) & \cdots & X^r(\omega_1) \\ \omega_1^8X^i(\omega_1) & \omega_1^7X^r(\omega_1) & -\omega_1^6X^i(\omega_1) & -\omega_1^5X^r(\omega_1) & \cdots & X^i(\omega_1) \\ \vdots & \vdots & \vdots & \vdots & & \vdots \\ \omega_N^8X^r(\omega_N) & \omega_N^7X^i(\omega_N) & -\omega_N^6X^r(\omega_N) & -\omega_N^5X^i(\omega_N) & \cdots & X^r(\omega_N) \\ \omega_N^8X^i(\omega_N) & \omega_N^7X^r(\omega_N) & -\omega_N^6X^i(\omega_N) & -\omega_N^5X^r(\omega_N) & \cdots & X^i(\omega_N) \end{bmatrix.$$

$$\left.\begin{matrix} \omega_1^8Y^r(\omega_1) & \omega_1^7Y^i(\omega_1) & -\omega_1^6Y^r(\omega_1) & -\omega_1^5Y^i(\omega_1) & \cdots & Y^r(\omega_1) \\ \omega_1^8Y^i(\omega_1) & \omega_1^7Y^r(\omega_1) & -\omega_1^6Y^i(\omega_1) & -\omega_1^5Y^r(\omega_1) & \cdots & Y^i(\omega_1) \\ \vdots & \vdots & \vdots & \vdots & & \vdots \\ \omega_N^8Y^r(\omega_N) & \omega_N^7Y^i(\omega_N) & -\omega_N^6Y^r(\omega_N) & -\omega_N^5Y^i(\omega_N) & \cdots & Y^r(\omega_N) \\ \omega_N^8Y^i(\omega_N) & \omega_N^7Y^r(\omega_N) & -\omega_N^6Y^i(\omega_N) & -\omega_N^5Y^r(\omega_N) & \cdots & Y^i(\omega_N) \end{matrix}\right]$$

$$\boldsymbol{Y} = \begin{bmatrix} U_X^r(\omega_1) & U_Y^r(\omega_1) \\ U_X^i(\omega_1) & U_Y^i(\omega_1) \\ \vdots & \vdots \\ U_X^r(\omega_N) & U_Y^r(\omega_N) \\ U_X^i(\omega_N) & U_Y^i(\omega_N) \end{bmatrix}$$

$$\boldsymbol{A} = \begin{bmatrix} a_8 & a_7 & \cdots & a_0 & -c_8 & -c_7 & \cdots & -c_0 \\ -d_8 & -d_7 & \cdots & -d_0 & b_8 & b_7 & \cdots & b_0 \end{bmatrix}^{\mathrm{T}} \tag{3-4-6}$$

当 $2N$ 大于待估参数的个数，即 $2N \geqslant 2(n+l)$时，A 可用最小二乘法解出：

$$\hat{\boldsymbol{A}} = (\boldsymbol{X}^{\mathrm{T}}\boldsymbol{X})^{-1}\boldsymbol{X}^{\mathrm{T}}\boldsymbol{Y} \tag{3-4-7}$$

整个建模过程可由下面的框图 3-4-2 来说明。

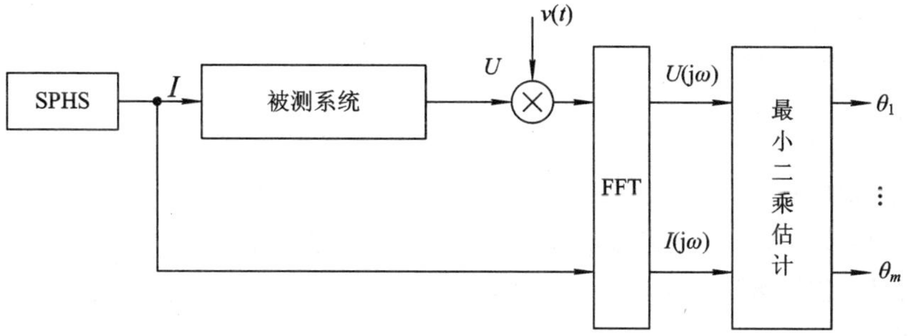

图 3-4-2　基于 SPHS 激励的频域建模框图

3.4.2　多谐差相信号(SPHS)及其特点

1. 多谐差相信号

SPHS(Schroeder Phased Harmonic Sequence)是一类有效解决了峰值因子问题的激励信号，它通过调整周期信号的相角，在给定功率谱条件下极小化信号的峰－峰比值。它是一种特殊的多频信号，由若干个功率、周期和初相有一定关系的余弦波叠加而成。其数学表达式为

$$x(t) = \sum_{k=1}^{N} \sqrt{2P_k} \cos\left(\frac{2\pi k}{T}t + \theta_k\right) \tag{3-4-8}$$

其中，N 为信号所含的谐波数；P_k为第 k 次谐波的功率，$u(t)$的总功率为 $\sum_{k=1}^{N} P_k = P$；T 为信号周期；θ_k为第 k 次谐波的初相，按下式计算：

$$\theta_k = \pi\left[\left[\sum_{i=1}^{k-1}(k-i)p_i\right]\right], \quad p_i = \frac{P_i}{P} \tag{3-4-9}$$

其中[[·]]表示求整运算。当 $P_k = \dfrac{P}{N}(k=1, 2, \cdots, N)$时，$\theta_k = \pi\left[\left[\dfrac{k^2}{2N}\right]\right]$。

图 3-4-2 为 SPHS 的图形，其中 $N=50$，$T=0.512$ 秒。由图可见 SPHS 具有类似调频信号的特点，峰－峰比值接近 1，半周期偶对称。由于它可以用计算机产生，而且周期

T、谐波数 N、各次谐波功率均可视具体情况确定，所以信号调整十分灵活。

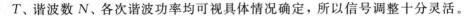

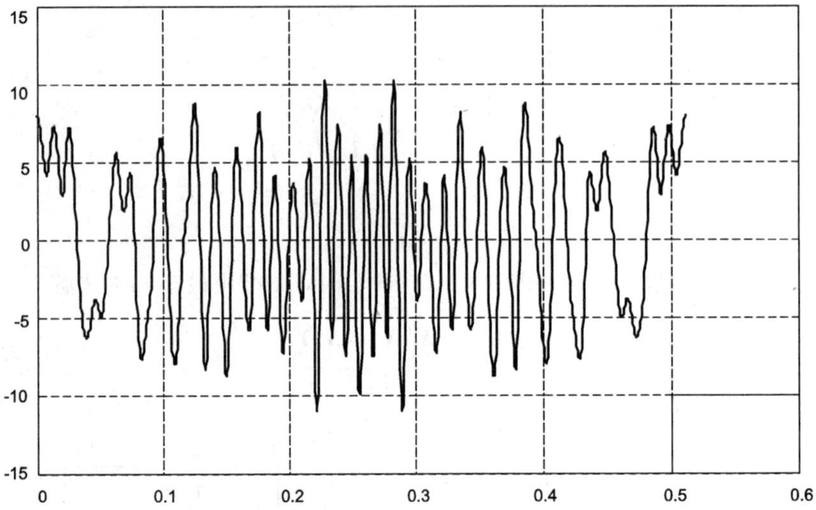

图 3-4-3　SPHS 图形

2. SPHS 的特点

(1) SPHS 为周期信号，系统的响应也是周期信号，作 FFT 时可以整周截断，避免了谱泄漏。同时它们的频谱是离散的，只在基频 $2\pi/T$ 的整数倍上有能量，可以抑制大部分的噪声干扰。

(2) 周期 T、谐波数 N、各次谐波功率 P_k 均可根据需要确定，可以很好地满足系统动态测试的要求。

(3) 与单一频率的正弦波相比，SPHS 信号能同时激励系统在各个频率点的模态，从而可以缩短频率特性测试时间。

(4) 具有低峰值因子(接近 1)，类似调频信号的特点(通过调整各 θ_k 的关系实现)，对系统激励平稳、均匀，尤为适合用于对惯性器件、伺服机构等设备的测试。

(5) 便于计算机产生。

3. SPHS 有关参数的选取

选取的原则是激励信号的频谱能覆盖系统的全部重要工作频率。SPHS 中需要的参数有谐波数 N_h，周期 T、采样间隔 T_d。根据以上原则并结合工程实践给出如下参数选取的经验公式：

$$N_h \geqslant 2P$$

$$T \geqslant \frac{1}{f_m} \quad \text{或} \quad T \geqslant (1.2 \sim 1.5) T_s$$

$$T_d \lambda_m \leqslant 0.5 \tag{3-4-10}$$

其中：P 为待辨识参数的个数，λ_m 为系统的最大特征值，f_m 为系统的最小工作频率，T_s 为系统的过渡过程时间。

此外，为保证在作 FFT 时能整周截断，采样个数 N 应满足以下关系：

$$NT_d = T \tag{3-4-11}$$

并且，N 应为 2 的整次幂。

3.4.3　频域方程组的最小二乘解法

考虑到量测噪声的影响，系统输出的观测值为

$$l(t) = y(t) + \varepsilon(t) \tag{3-4-12}$$

其 DFT 为

$$\begin{aligned} L(m) &= \frac{1}{N}\sum_{k=1}^{N-1} l(k)\mathrm{e}^{-\mathrm{j}2\pi mk/N} \\ &= \frac{1}{N}\sum_{k=1}^{N-1}[y(k)+\varepsilon(k)]\mathrm{e}^{-\mathrm{j}2\pi mk/N} \\ &= \frac{1}{N}\sum_{k=1}^{N-1} y(k)\mathrm{e}^{-\mathrm{j}2\pi mk/N} + \frac{1}{N}\sum_{k=1}^{N-1}\varepsilon(k)\mathrm{e}^{-\mathrm{j}2\pi mk/N} \\ &= Y(m)+\varepsilon(m) \end{aligned} \tag{3-4-13}$$

这样式(3-4-5)表示的频域方程组应改为

$$\boldsymbol{X}'\boldsymbol{A} = \boldsymbol{Y}' \tag{3-4-14}$$

其中

$$\boldsymbol{X}' = \boldsymbol{X} + \boldsymbol{E}_1$$

$$\boldsymbol{Y}' = \boldsymbol{Y} + \boldsymbol{E}_2$$

E1，**E**2 为 $\varepsilon(t)$ 经 DFT 后，映射到频域的误差阵。其元素为随机序列的线性函数，即

$$\begin{aligned} e_{1_{ij}} &= \sum_{kl} c_{kl}\varepsilon(m) \\ e_{2_{ij}} &= \sum_{kl} d_{kl}\varepsilon(m) \end{aligned} \tag{3-4-15}$$

这样式(3-4-5)可进一步修正为

$$\boldsymbol{XA} = \boldsymbol{Y} + (\boldsymbol{E}_2 - \boldsymbol{E}_1\boldsymbol{A}) \tag{3-4-16}$$

残差 **V** 为

$$\boldsymbol{V} = \boldsymbol{X}\hat{\boldsymbol{A}} - \boldsymbol{Y} \tag{3-4-17}$$

目标函数

$$J = \|\boldsymbol{V}\|_2 = \|\boldsymbol{X}\hat{\boldsymbol{A}} - \boldsymbol{Y}\|_2 \tag{3-4-18}$$

使 J 为最小的 **A** 的估计(最小二乘解)为

$$\hat{\boldsymbol{A}} = (\boldsymbol{X}^{\mathrm{T}}\boldsymbol{X})^{-1}\boldsymbol{X}^{T}\boldsymbol{Y} \tag{3-4-19}$$

进一步，有

$$\hat{\boldsymbol{A}} = \boldsymbol{A} - (\boldsymbol{X}^{\mathrm{T}}\boldsymbol{X})^{-1}\boldsymbol{X}^{\mathrm{T}}(\boldsymbol{E}_2 - \boldsymbol{E}_1\boldsymbol{A}) \tag{3-4-20}$$

可以证明当 $\varepsilon(k)$是零均值、独立随机序列时，$\hat{\boldsymbol{A}}$ 是 **A** 的无偏估计。

证明：因为

$$E\{\varepsilon(k)\} = 0$$

$$
\begin{aligned}
E\{e_{1_{ij}}\} &= E\Big\{\sum_{kl} c_{kl} e(m)\Big\} \\
&= E\Big\{\sum_{kl} c_{kl}\ \frac{1}{N}\sum_{k=1}^{1} e(k)\mathrm{e}^{-\mathrm{j}2pmk/N}\Big\} \\
&= \sum_{kl} c_{kl}\ \frac{1}{N}\sum_{k=l}^{N-1} E\{e(k)\}\mathrm{e}^{-\mathrm{j}2pmk/N} \\
&= 0
\end{aligned}
$$

同理，$E\{e_{2_{ij}}\}=0$，即

$$
\begin{aligned}
E\{\boldsymbol{E}_1\} &= [\boldsymbol{0}] \\
E\{\boldsymbol{E}_2\} &= [\boldsymbol{0}]
\end{aligned}
$$

所以

$$
\begin{aligned}
E\{\hat{\boldsymbol{A}}\} &= \boldsymbol{A} - \boldsymbol{E}\{(\boldsymbol{X}^{\mathrm{T}}\boldsymbol{X})^{-1}\boldsymbol{X}^{\mathrm{T}}(\boldsymbol{E}_2 - \boldsymbol{E}_1\boldsymbol{A})\} \\
&= \boldsymbol{A} - \boldsymbol{E}\{(\boldsymbol{X}^{\mathrm{T}}\boldsymbol{X})^{-1}\boldsymbol{X}^{\mathrm{T}}\}E\{(\boldsymbol{E}_2 - \boldsymbol{E}_1\boldsymbol{A})\} \\
&= \boldsymbol{A}
\end{aligned}
$$

证毕。

3.4.4 建模的步骤

(1) 试验获取系统的输入和响应信号。正确选取 SPHS 的参数，连接好测试线路，开始试验。采集并记录系统的输入、输出信号 $I(t)$和 $U(t)$。

(2) 求取系统输入、输出时域信号的频谱。采用一种实数序列的快速算法，同时计算输入和输出的频谱。

设需要变换的两个序列为$\{X\}$和$\{Y\}$(长度都为 N)，将$\{X\}$赋在 $A(N)$的实部，$\{Y\}$赋在 $A(N)$的虚部，则经 FFT 后可输出$\{Z\}=\{X\}+\mathrm{j}\{Y\}$的 DFT，记为 $Z(k)$。而$\{X\}$、$\{Y\}$的 DFT 由下式变换得到：

$$
\begin{cases}
X(m) = \dfrac{1}{2}[Z(m) + Z^*(N-m)] \\
Y(m) = \dfrac{1}{2\mathrm{j}}[Z(m) - Z^*(N-m)]
\end{cases}
\tag{3-4-21}
$$

(3) 构造频域辨识方程。根据 $X(m)$、$Y(m)$和模型结构，构造 $\boldsymbol{X}$ 阵和 $\boldsymbol{Y}$ 阵。

(4) 解频域方程组 $\boldsymbol{XA}=\boldsymbol{Y}$。一般情况可采用最小二乘法解正规方程组。当建模问题与测试相结合时，尤其对于要求快速测试的场合，为满足精度和实时性要求，必须采用镜像映射法直接解超定方程组 $\boldsymbol{XA}=\boldsymbol{Y}$。

3.5 SPHSM 在导弹控制系统动态测试中的应用

导弹控制系统测试的关键问题是满足自动化和快速的要求。目前，采用动态测试是国内外导弹测发控系统的发展方向。对动态测试来说，激励信号的选取是非常重要的，它的

频谱应能覆盖被测系统的频带，以便充分激活系统。激励信号的选择和对应的辨识算法有很多，但多在时域内进行。当系统包含微分运算并有噪声干扰时，噪声将被放大，从而影响辨识精度。Schroeder M. R. 于 1970 年提出了一种新的激励信号——SPHS(Schroeder Phased Harmonic Sequence，多谐差相信号)。SPHS 通过调整周期信号的相角，获得了低峰值因子。由于 SPHS 的周期性，可以将时域的辨识问题变换到频域进行。这样做带来的好处是可以避免噪声放大误差和谱泄漏。根据 SPHS 的特点，利用 SPHS 作为激励信号，可以在频域内实现动态系统的测试建模，这就是基于 SPHS 的建模方法——SPHSM (SPHS Modeling)。下面介绍 SPHSM 在导弹控制系统测试中的应用。

3.5.1　基于 SPHS 激励的测试原理

1. 动态测试的基本思想

在测试方法上采用全系统一次性完整的动态测试取代原有分段、多步的静态测试，以提高测试的精度和速度，简化测试过程。采用参数的频域辨识方法实现动态测试，可以克服时域辨识中对信号处理时引入噪声的放大误差，并在频域内用少数的谱线就可以代表时域数据的大部分信息，可以减少数据处理时间，提高噪声抑制能力。

测试的基本原理是：由自动化测试系统产生 SPHS 激励信号，加到被测系统的输入端，同时采集系统的动态响应；由计算机用 FFT 算法提取激励和响应的频谱，并构造频域的辨识方程，然后采用最小二乘法求系统模型参数的估计值。

由于建立了系统的标准模型并计算了模型参数的误差限，测试系统可自动给出合格或不合格的判断。

2. 频域辨识法

以导弹控制系统中的某稳定仪为例，它的数学模型(传递函数)为

$$G(s)=\frac{U(s)}{I(s)}=\frac{b_0}{s^3+a_2s^2+a_1s+a_0} \tag{3-5-1}$$

频域辨识方程为

$$\boldsymbol{XA}=\boldsymbol{Y} \tag{3-5-2}$$

其中

$$\boldsymbol{X}=\begin{bmatrix} -\omega_1^2U^r(\omega_1) & -\omega_1U^i(\omega_1) & U^r(\omega_1) & -I^r(\omega_1) \\ -\omega_1^2U^i(\omega_1) & \omega_1U^r(\omega_1) & U^i(\omega_1) & -I^i(\omega_1) \\ \vdots & \vdots & \vdots & \vdots \\ -\omega_N^2U^r(\omega_N) & -\omega_NU^i(\omega_N) & U^r(\omega_N) & -I^r(\omega_N) \\ -\omega_N^2U^i(\omega_N) & \omega_NU^r(\omega_N) & U^i(\omega_N) & -I^i(\omega_N) \end{bmatrix}$$

$$\boldsymbol{Y}=\begin{bmatrix} \omega_1^3U^i(\omega_1) \\ -\omega_1^3U^r(\omega_1) \\ \vdots \\ \omega_N^3U^i(\omega_N) \\ -\omega_N^3U^r(\omega_N) \end{bmatrix}$$

$$A = [a_2 \quad a_1 \quad a_0 \quad b_0]^T$$

当 2N≥4 时，方程组(3-5-2)可用最小二乘法求解待估计参数向量。由式(3-5-2)构造正规方程组

$$X^T XA = X^T Y \tag{3-5-3}$$

则 **A** 的最小二乘估计为

$$\hat{A} = (X^T X)^{-1} X^T Y \tag{3-5-4}$$

但这种法方程法容易出现数值病态问题，影响测试精度，因此需要采用镜像映射法直接解超定方程组。方法如下：

用 Householder 变换将系数矩阵 **X** 和矩阵 **Y** 正交三角化：

$$HX = \begin{bmatrix} R \\ 0 \end{bmatrix}, \quad HY = \begin{bmatrix} e \\ g \end{bmatrix} \tag{3-5-5}$$

使 J 最小的解 **A** 为矛盾方程组的最小二乘解。

$$J = \| V \|_2 = \| HV \|_2 = \sqrt{(RA - e)^T (RA - e) + g^T g} \tag{3-5-6}$$

当 $RA=e$ 时，J 达到极小值 $\sqrt{g^T g}$。因此，式(3-5-6)的最小二乘解为 $A=R^{-1}e$。

3.5.2 测试结果及指标换算

1. 测试结果

为了检验这一测试方法的准确性，在实验室条件下对稳定仪进行验证测试。首先采用标定的方法进行测试，利用测试数据计算系统的模型参数(称为标称值)。然后采用 SPHS ($N=16$，$T=0.1024$ 秒)激励，按照上面的方法进行动态测试，得到系统参数的测试值。由表 3-5-1 可见，采用 SPHS 激励下的动态测试，其测试精度完全可以满足技术指标的要求。

表 3-5-1 测 试 结 果

参 数	标 称 值	测 试 值	误 差
a_0	2.7846×10^7	2.8462×10^7	2.21%
a_1	8.6207×10^5	8.6486×10^5	0.32%
a_2	1.8621×10^3	1.8856×10^3	1.26%
b_0	1.9433×10^8	1.9579×10^8	0.75%

2. 动态指标的换算

采用频域的参数辨识法实现的动态测试，所得结果为系统模型(传递函数)的系数。但习惯上对动态性能的衡量采用的是频率特性指标。为了直观地表征系统的动态性能，可将模型系数换算为频率特性指标。对低阶(一阶、二阶)系统有相应的动态性能指标换算公式，但对高阶系统，其动态性能指标只能从数学模型中计算。当已知系统的传递函数模型 $G(s)$时，系统的频率响应可由 $G(s)|_{S=j\omega}$ 直接计算出来。用表 3-5-1 中的测试值通过计算

得到了被测系统的幅频和相频特性(见表3-5-2中计算值)。作为对比，表3-5-2中还给出了原测试方法获得的幅频和相频特性(实测值)。

表3-5-2　系统特性表

ω /(1/rad)	要求值		实测值		计算值	
	幅频衰减	相位滞后	幅频衰减	相位滞后	幅频衰减	相位滞后
10	—	≤22°	1.21 dB	20.6°	1.15 dB	20.2°
30	—	≤50°	6.97 dB	48.1°	6.80 dB	47.4°
100	≥20 dB	—	26.5 dB	85.8°	26.0 dB	85.6°
314	≥40 dB	—	50.5 dB	120.7°	50.1 dB	121.1°

3. 小结

SPHS激励下的动态测试方法的主要特点是将时域的辨识问题变换到频域进行，有效地解决了谱泄漏和噪声放大误差的问题，保证了测试的准确性，也实现了快速测试。

第4章 建立动态数学模型的时域方法

4.1 概　　述

时域建模法就是在被测试对象上人为地施加一个已经确定了的瞬变扰动，测定出对象的响应随时间而变化的曲线，然后根据该响应曲线，推出被测对象的传递函数的方法。

时域建模方法包括非参数模型建模方法和参数类建模方法。非参数模型建模的主要内容是寻求单变量系统的频率特性、脉冲响应函数和传递函数，或者建立系统的非参数模型，用曲线或一组采样值来表示相同的特性。非参数模型建模方法有阶跃响应法、脉冲响应法以及相关分析法。

4.1.1 非参数模型建模方法

1. 阶跃响应法

由于阶跃响应曲线与经典控制理论中对控制系统提出的时域性能指标(如上升时间、峰值时间、超调量、调整时间等)有直接联系，对象的阶跃响应曲线直接来自实验记录，比较直观，实验原理也很简单，输入信号也容易获得，因此，它是一个测定对象动态特性的常用方法。

2. 脉冲响应法

根据自动控制理论，系统输出、输入的拉氏变换 $y(s)$与 $x(s)$之比为传递函数

$$H(s)=\frac{y(s)}{x(s)} \tag{4-1-1}$$

当初始条件为零，输入 $x(t)$为单位脉冲时，因单位脉冲的拉氏变换为 1，系统输出的拉氏变换则为

$$y(s)=H(s) \tag{4-1-2}$$

将上式进行拉氏反变换即为脉冲响应函数，即

$$y(t)=h(t) \tag{4-1-3}$$

式(4-1-2)及式(4-1-3)是系统脉冲响应辨识的基础。从上述两式可得出：在单位脉冲输入下，当初始条件均为零时，系统的输出在时域中就是系统的脉冲响应函数，而其拉氏变换就是系统的传递函数。所以脉冲响应函数完全可用来描述线性系统的动态特性，且通过它的拉氏变换就可得到系统的传递函数。

输入信号 $x(t)$不是一个脉冲，而是一任意连续信号时，仍可利用脉冲响应函数的基本原理求出系统的输出量。这时只要把连续信号 $x(t)$离散化成多个脉冲，应用叠加原理将所有 N 个脉冲输入所得到的输出响应相加，就得到系统在连续信号 $x(t)$输入下的总输出 $y(t)$，即

$$y(t)=\sum_{k=0}^{N-1} x(k\Delta t)h(t-k\Delta t)\Delta t \tag{4-1-4}$$

其中，Δt 为单个脉冲宽度，$\Delta t=t/N$，t 为连续信号 $x(t)$的作用时间。

写成卷积形式：

$$y(t)=h(t)*x(t) \tag{4-1-5}$$

利用式(4－1－3)或式(4－1－4)，只要已知系统的脉冲响应函数 $h(t)$，就可以求出在任意输入 $x(t)$作用下系统的响应 $y(t)$。

3. 相关分析法

采用相关分析法测定被辨识对象的脉冲响应函数是目前较广泛应用的一种非参数模型在线辨识方法。该方法以伪随机信号为输入信号，该信号比较容易产生，被辨识对象输入这种信号，不致引起被辨识对象大幅度地偏离正常运行状态，可在正常运行状态下进行，在数据处理上比较方便。4.3 节将重点讨论相关分析法。在分析动态系统相关分析法建模原理的基础上，以导弹控制系统动态测试为例，介绍采用两步法建立系统动态参数模型(传递函数)的原理。

4.1.2　参数类建模方法

动态系统常用的参数类建模方法有极大似然类方法和最小二乘类方法。

1. 极大似然类建模方法

这种方法构造一个以观测数据和待估计参数为自变量的似然函数（Likelihood function，它是观测数据和待估计参数的联合概率密度函数），通过极大化这个似然函数，获得模型的参数估计值。这意味着模型输出的概率分布将最大可能地逼近实际系统输出的概率分布。亦即，良好估计值应使似然函数取极大值。

其特点有：

(1) 可以适应很大一类模型结构和实验条件。无论在白噪声干扰或有色噪声干扰下，均有良好的统计特性。

(2) 计算工作量较大。因为用极大似然法估计参数，可归结为使似然函数值为最大的最优化问题，这种方法往往得不到解析解，必须采用数值计算方法求解。

2. 最小二乘类建模方法

最小二乘法是一类经典、有效的数据处理方法。它的提出与应用可追溯到 1795 年，当时著名学者高斯(K. F. Gauss)在预测行星与彗星轨道时，就提出并实际应用了这一方法。高斯估计问题是根据天文望远镜所获的观测数据，对描述天体运动的六个参数值作出推断。高斯认为，由所获观测数据来推断未知参数时，未知量的最可能值是这样一个数值，它使各次实际观测值和计算值之间的差值的平方乘以度量其精度的数据以后的和为最小。这就是最小二乘法的最早思想。它已成为系统辨识领域中的一种基本估计方法，可用于动

态系统、静态系统、线性系统、非线性系统、离线系统、在线系统等。

在测试建模时，经常需要用高阶系统来描述系统的特性，这就需要建立高阶动态数学模型。建立高阶动态数学模型时，首先要估计模型的阶次，阶次确定后便需估计该阶次数学模型的各个参数。4.2 节介绍一种能同时辨识线性差分方程模型阶次和参数的方法，可以有效地减少计算量。用镜像映射法进行列变换时，每变换一列，进行一次模型阶次检验，模型阶次确定后，很容易进行参数估计。

4.2 同时辨识模型阶次和参数的非递推算法

4.2.1 问题的提出

离散线性系统的数学模型是用差分方程表示的，因为一旦差分方程确定后，其解十分简单。现在来研究一个与之相反的问题，即在差分方程未知的情况下，如何根据输入、输出数据来确定差分方程，包括阶次和系数。解决这一问题，常常采用的是最小二乘法，它考察不同阶次模型所对应的参数最小二乘估计的指标函数值(残差平方和)，然后再根据一定的准则定阶，继而确定系数。这种算法每变换一个阶次都需要进行参数估计，计算量大，而且这个问题随着模型阶次的增加而更加突出，即使采用递推算法也需要较多重复运算，还有可能因为法方程组的病态问题导致坏解，故不适合做在线辨识。本节将介绍一种带噪声的基于最小二乘的不需要进行参数估计就能计算出给定阶次 n 及 n 以下各阶模型所对应的指标函数最小值的方法。

4.2.2 算法原理

1. 线性差分方程模型

单输入一单输出线性定常系统的差分方程模型为

$$A(d^{-1})y(k)=B(d^{-1})u(k) \tag{4-2-1}$$

其带噪声的观测方程可写为

$$B(d^{-1})u(k)-A(d^{-1})z(k)=\varepsilon(k) \tag{4-2-2}$$

式中：$u(k)$为系统输入观测量；$z(k)$为系统输出观测量；$\varepsilon(k)$为残差；d^{-1}为后移运算符；$d^{-1}y(k)=y(k-1)$；

$$A(d^{-1})=1+a_1d^{-1}+a_2d^{-2}+\cdots+a_nd^{-n}$$

$$B(d^{-1})=b_0+b_1d^{-1}+b_2d^{-2}+\cdots+b_nd^{-n}$$

式中，n 为模型阶次。

要求根据给定的观测序列$\{u(k)\}$、$\{z(k)\}$($k=1, 2, \cdots, N_0$)确定模型的阶次 $\hat{n}$ 和参数 a_i，b_j($i=1, 2, \cdots, n$，$j=0, 1, \cdots, n$)的最小二乘估计。

假定 $\hat{n}\leqslant v$(设 v 为给定的一个整数常数)，并定义：

$(2n+1)$维向量：$\boldsymbol{\theta}(n)=[b_n \quad a_n \quad b_{n-1} \quad a_{n-1} \quad \cdots \quad b_1 \quad a_1 \quad b_0]^{\mathrm{T}}$。

N 维向量：$\boldsymbol{e}=[\varepsilon(n+1) \quad \varepsilon(n+2) \quad \cdots \quad \varepsilon(n+N)]^{\mathrm{T}}$。

$N=N_0-v$。

2. 指标函数

在最小二乘估计中，定义指标函数为

$$J(\boldsymbol{\theta}(n))=\sum_{k=n+1}^{n+N}\varepsilon^2(k)=\boldsymbol{e}^{\mathrm{T}}\boldsymbol{e} \tag{4-2-3}$$

则参数 $\boldsymbol{\theta}(n)$ 的最小二乘估计为 $\boldsymbol{\theta}_{\mathrm{LS}}(n)$，它使

$$J(n)=J(\hat{\boldsymbol{\theta}}_{\mathrm{LS}})=\min_{\theta(n)}\{J[\boldsymbol{\theta}(n)]\} \tag{4-2-4}$$

利用 $J[\boldsymbol{\theta}(n)](n=1,2,\cdots,v)$ 提供的信息可以确定合适的模型阶次 $\hat{n}$。

3. 构建信息矩阵

信息矩阵为

$$\boldsymbol{D}=\begin{bmatrix} u(1) & -z(1) & u(2) & -z(2) & \cdots & u(v+1) & -z(v+1) \\ u(2) & -z(2) & u(3) & -z(3) & \cdots & u(v+2) & -z(v+2) \\ \vdots & \vdots & \vdots & \vdots & & \vdots & \vdots \\ u(N) & -z(N) & u(N+1) & -z(N+1) & \cdots & u(v+N) & -z(v+N) \end{bmatrix}_{N\times M} \tag{4-2-5}$$

其中，$M=2v+2$，$\boldsymbol{D}$ 为由输入、输出观测信号构成的信息矩阵，它具有计算 n 阶及 n 阶以下各阶的参数和指标函数的全部信息，这一点读者在接下来的推导中可以看到。

4. 将信息矩阵上三角化

运用镜像映射法对 $\boldsymbol{D}$ 阵进行三角化，即对 $\boldsymbol{D}$ 左乘正交变换阵 $\boldsymbol{H}$，使得

$$\boldsymbol{D}^*=\boldsymbol{HD}=\begin{bmatrix}\boldsymbol{R}\\ \vdots \\ \boldsymbol{O}\end{bmatrix} \tag{4-2-6}$$

$\boldsymbol{R}$ 为 M 阶上三角阵，即

$$\boldsymbol{R}=\begin{bmatrix} d_1 & \times & \times & \cdots & \times \\ 0 & d_2 & \times & \cdots & \times \\ 0 & 0 & d_3 & \cdots & \times \\ \vdots & \vdots & \vdots & \ddots & \vdots \\ 0 & 0 & 0 & \cdots & d_M \end{bmatrix} \tag{4-2-7}$$

式中×表示任意元素。

5. 上三角阵 R 的重要性质

可以证明上三角阵有下述重要性质：

$$J(n)=d_{2n+2}^2,\quad n=0,1,\cdots,v \tag{4-2-8}$$

即 $\boldsymbol{R}$ 之偶数行对角元平方正是各阶差分模型对应于最小二乘估计量的残差平方和。现证明如下：

设

$$\boldsymbol{\theta}^*=[\boldsymbol{\theta}(n)^{\mathrm{T}} \vdots 1 \vdots \boldsymbol{0}]，为(2v+2)维向量$$

$$\boldsymbol{R}=\begin{bmatrix}\boldsymbol{R}_n & -\boldsymbol{f}_n & \boldsymbol{C}_1 \\ \boldsymbol{0} & \boldsymbol{g}_n & \boldsymbol{C}_2\end{bmatrix} \tag{4-2-9}$$

式中，$\boldsymbol{R}_n$为$(2n+1)$阶上三角阵；$\boldsymbol{f}_n$为$(2n+1)$维列向量；$\boldsymbol{g}_n^{\mathrm{T}}=[d_{2n+2}\quad 0\quad \cdots\quad 0]$为$(M-2n-1)$维向量；$\boldsymbol{C}_1$、$\boldsymbol{C}_2$为$\boldsymbol{R}$的其余元素构成的子阵。由式(4-2-2)得

$$\boldsymbol{D\theta}^*=\boldsymbol{e} \tag{4-2-10}$$

上式两端左乘$\boldsymbol{H}$得

$$\boldsymbol{HD\theta}^*=\boldsymbol{He}$$

即

$$\boldsymbol{D}^*\boldsymbol{\theta}^*=\boldsymbol{He}$$

$\boldsymbol{H}$为保模变换，即被变换的向量模保持不变，从而有

$$\begin{aligned}J(n)&=\boldsymbol{e}^{\mathrm{T}}\boldsymbol{e}=\|\boldsymbol{e}\|_2=\|\boldsymbol{D}^*\boldsymbol{\theta}^*\|_2\\&=\left\|\begin{bmatrix}\boldsymbol{R}_n & -\boldsymbol{f}_n & \boldsymbol{C}_1\\ \boldsymbol{0} & \boldsymbol{g}_n & \boldsymbol{C}_2\\ \boldsymbol{0} & \boldsymbol{0} & \boldsymbol{0}\end{bmatrix}\begin{bmatrix}\boldsymbol{\theta}(n)\\ 1\\ \boldsymbol{0}\end{bmatrix}\right\|_2=\left\|\begin{bmatrix}\boldsymbol{R}_n\boldsymbol{\theta}(n)-\boldsymbol{f}_n\\ \boldsymbol{g}_n\\ \boldsymbol{0}\end{bmatrix}\right\|_2\\&=[\boldsymbol{R}_n\boldsymbol{\theta}(n)-\boldsymbol{f}_n]^{\mathrm{T}}[\boldsymbol{R}_n\boldsymbol{\theta}(n)-\boldsymbol{f}_n]+\boldsymbol{g}_n^{\mathrm{T}}\boldsymbol{g}_n\end{aligned} \tag{4-2-11}$$

显然，当

$$\boldsymbol{R}_n\boldsymbol{\theta}(n)=\boldsymbol{f}_n \tag{4-2-12}$$

时，$J(\boldsymbol{\theta}(n))$达到最小，其值为

$$J(n)=\min_{\boldsymbol{\theta}(n)}\{J[\boldsymbol{\theta}(n)]\}=\boldsymbol{g}_n^{\mathrm{T}}\boldsymbol{g}_n=d_{2n+2}^2 \tag{4-2-13}$$

证毕。

这就是$\boldsymbol{D}$之所以称为信息矩阵的原因。

对$\boldsymbol{D}$阵施以镜像映射变换使之上三角化，不需要一一考察每个模型的参数估计即可同时得到所需要的所有各阶模型指标函数的最小值。如何利用$J(n)$提供的信息来确定模型的合适阶次呢？根据本节的算法可以同时算出n阶模型的残差平方和，采用最终预测误差判据(FPE)很方便，相比于残差平方和法和F检验法也具有更高的准确度。阶次确定后由于$\boldsymbol{R}_{\hat{n}}$与$\boldsymbol{f}_{\hat{n}}$都已求出在$\boldsymbol{R}$中，且$\boldsymbol{R}_{\hat{n}}$为上三角阵，因而不必经过求逆，只需通过简单的回代，便可由式(4-2-9)中解得$\boldsymbol{\theta}(\hat{n})$的最小二乘估计$\hat{\boldsymbol{\theta}}_{\mathrm{LS}}(n)$。

至此，就实现了同时辨识模型结构和参数的目标。现将实现这种算法的步骤归纳如下：

(1) 给定v，用$\{u(k)\}$、$\{z(k)\}(k=1, 2, \cdots, N_0)$根据式(4-2-5)构造$\boldsymbol{D}$阵；

(2) 对$\boldsymbol{D}$阵进行M次镜像映射变换，得到$\boldsymbol{R}$；

(3) 考察d_2^2, d_4^2, d_6^2, $\cdots$, d_v^2并按一定的准则确定$\hat{n}$；

(4) 进行回代，求出$\hat{\boldsymbol{\theta}}_{\mathrm{LS}}(n)$。

可见这种算法的主要工作量在步骤(2)，较之求出v个模型的参数估计和指标函数值的算法，其运算量要小得多。

4.2.3 同时辨识模型阶次和参数的扩展算法

为了使上述算法能用来解决随机信号建模的问题，把它作如下扩展，将差分方程模型改为如下形式：

$$\boldsymbol{X\alpha} = 0 \tag{4-2-14}$$

$$\boldsymbol{X\hat{\alpha}} = \boldsymbol{e} \tag{4-2-15}$$

式中：$\boldsymbol{X}$ 为观测数据矩阵；$\boldsymbol{\alpha}$ 为待估计的参数向量；$\hat{\boldsymbol{\alpha}}$ 为参数向量估计值；$\boldsymbol{e}$ 为误差向量。

设给定的数据长度为 N_0，取 $v \geqslant \hat{n}$，$\hat{n}$ 为初估模型阶次或所需考察的模型阶次。用给定数据序列$\{x(n), n=1, 2, \cdots, N_0\}$构造 $\boldsymbol{D}$ 阵：

$$\boldsymbol{D}_x = \begin{bmatrix} x(1) & x(2) & \cdots & x(v+1) \\ x(2) & x(3) & \cdots & x(v+2) \\ \vdots & \vdots & & \vdots \\ x(N) & x(N+1) & \cdots & x(N+v) \end{bmatrix}_{N\times(v+1)} \tag{4-2-16}$$

式中，$N=N_0-v$，$\boldsymbol{D}_x$是 $N\times(v+1)$维的矩阵。

对 $\boldsymbol{D}_x$作镜像映射变换得到上三角阵$\boldsymbol{R}_x$，即

$$\boldsymbol{D}_x^* = \boldsymbol{HD}_x = \begin{bmatrix} \boldsymbol{R}_x \\ \vdots \\ \boldsymbol{0} \end{bmatrix} \tag{4-2-17}$$

式中，$\boldsymbol{R}_x$为$(v+1)\times(v+1)$维上三角阵：

$$\boldsymbol{R}_x = \begin{bmatrix} d_1 & \times & \times & \times & \cdots & \times \\ 0 & d_2 & \times & \times & \cdots & \times \\ 0 & 0 & \ddots & \times & \cdots & \times \\ 0 & 0 & 0 & d_n & \cdots & \times \\ \vdots & \vdots & \vdots & \vdots & \ddots & \vdots \\ 0 & 0 & 0 & 0 & \cdots & d_{v+1} \end{bmatrix} \tag{4-2-18}$$

式中×表示任意元素。

下面将证明 $\boldsymbol{R}_x$的对角线的元素 d_{n+1}的平方是 n 阶模型的残差平方和。

将待估计的参数向量 $\boldsymbol{\theta}(n)=[a_n, a_{n-1}, \cdots, a_1]^{\mathrm{T}}$扩展为 $v+1$ 维的列向量：

$$\boldsymbol{\theta} = [a_n \quad a_{n-1} \quad \cdots \quad a_1 \quad 1 \,\vdots\, \boldsymbol{0}] = [\boldsymbol{\theta}(n)^{\mathrm{T}} \quad 1 \,\vdots\, \boldsymbol{0}] \tag{4-2-19}$$

$$\boldsymbol{R} = \begin{bmatrix} \boldsymbol{R}_n & -\boldsymbol{f}_n & \boldsymbol{C}_1 \\ \boldsymbol{0} & \boldsymbol{g}_n & \boldsymbol{C}_2 \end{bmatrix}$$

这时模型方程式可写成

$$\boldsymbol{D}_x\boldsymbol{\theta} = \boldsymbol{e} \tag{4-2-20}$$

式中 $\boldsymbol{e}$ 为 $N+1$ 维的残差向量。

对式(4-2-20)两端左乘 $\boldsymbol{H}$ 阵得

$$\begin{aligned} \boldsymbol{HD}_x\boldsymbol{\theta} &= \boldsymbol{He} \\ \boldsymbol{D}_x^*\boldsymbol{\theta} &= \boldsymbol{He} \end{aligned} \tag{4-2-21}$$

$\boldsymbol{H}$ 为正交阵。被变换向量的欧氏长度变换后保持不变，即镜像映射变换为保模变换。

故最小二乘解的指标函数为

$$J(n) = \boldsymbol{e}^{\mathrm{T}}\boldsymbol{e} = \|\boldsymbol{e}\|_2 = \|\boldsymbol{D}_x^*\boldsymbol{\theta}\|_2$$

$$= \left\| \begin{bmatrix} \boldsymbol{R}_n & -\boldsymbol{f}_{n+1} & \boldsymbol{C}_1 \\ \boldsymbol{0} & \boldsymbol{g}_{n+1} & \boldsymbol{C}_2 \\ \boldsymbol{0} & \boldsymbol{0} & \boldsymbol{0} \end{bmatrix} \begin{bmatrix} \boldsymbol{\theta}(n) \\ 1 \\ \boldsymbol{0} \end{bmatrix} \right\|_2$$

$$= \left\| \begin{bmatrix} \boldsymbol{R}_n\theta(n) - \boldsymbol{f}_{n+1} \\ \boldsymbol{g}_{n+1} \\ \boldsymbol{0} \end{bmatrix} \right\|_2$$

$$= [\boldsymbol{R}_n\boldsymbol{\theta}(n) - \boldsymbol{f}_{n+1}]^{\mathrm{T}}[\boldsymbol{R}_n\boldsymbol{\theta}(n) - \boldsymbol{f}_{n+1}] + \boldsymbol{g}_{n+1}^{\mathrm{T}}\boldsymbol{g}_{n+1} \tag{4-2-22}$$

$$\boldsymbol{R}_n\boldsymbol{\theta}(n) = \boldsymbol{f}_{n+1} \tag{4-2-23}$$

时 $J(n)$为最小，其值为

$$\boldsymbol{d}_{n+1}^2 = \boldsymbol{g}_{n+1}^{\mathrm{T}}\boldsymbol{g}_{n+1} \tag{4-2-24}$$

式中，$\boldsymbol{R}_n$是 $n \times n$ 维的上三角阵；$\boldsymbol{f}_{n+1}$ 是 $\boldsymbol{R}_x$ 中的第 $n+1$ 列上面的 n 维列向量；$\boldsymbol{g}_{n+1} = [d_{n+1} \quad 0 \quad \cdots \quad 0]^{\mathrm{T}}$是 $v+1-n$ 维的列向量；$\boldsymbol{C}_1$、$\boldsymbol{C}_2$为 $\boldsymbol{R}_x$其余元素构成的子阵。

由此可见，对于如式(4-2-14)、(4-2-15)类型的数学模型，采用这种算法，亦可同时求出各阶模型的指标函数。

由此可见，对于单输入/单输出系统来说，将输入/输出数据按式(4-2-5)相间排列构造 $\boldsymbol{D}$ 阵并对 $\boldsymbol{D}$ 阵进行镜像映射变换后，得上三角阵 $\boldsymbol{R}$，它的偶数行对角元的平方 d_{2n+2}^2为 n 阶模型的最小二乘估计的指标函数 $J(n)$，对于如式(4-2-14)、(4-2-15)所示的模型，按式(4-2-16)构造 $\boldsymbol{D}_x$阵，对它进行镜像映射变换后，得上三角阵 $\boldsymbol{R}_x$，它的第 $n+1$ 列的对角元的平方 d_{n+1}^2为 n 阶模型的最小二乘估计的指标函数。上述方法都很方便改为递推形式。

4.3 动态系统相关分析建模方法

4.3.1 问题的提出

动态测试是考察系统动态性能的重要手段，也是测试的重要环节，只要求出系统的脉冲响应函数，则系统的动态特性就可以确定。脉冲响应法是利用线性、定常被辨识系统不含噪声的输入/输出信息，通过脉冲响应来辨识系统数学模型的方法。为了使试验结果准确，必须积累足够大的能量，在瞬间激发系统，这种做法对于许多实际系统来说难以实现，同时在工程实际中，所获得的数据总含有随机噪声。为此，辨识中常常用与白噪声特性相近的 M 序列作为测试信号，再用相关法处理过滤掉噪声，便可很方便地得到系统的脉冲响应。

4.3.2 相关滤波原理

利用随机信号测试线性系统的动态特性的理论基础是相关滤波原理。

设线性定常连续系统如图 4-3-1 所示。

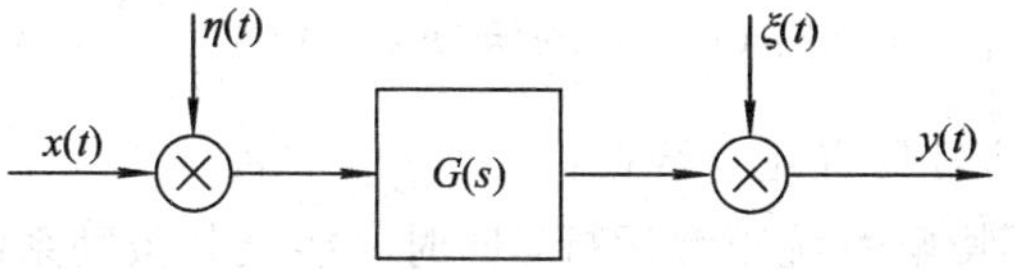

图 4-3-1 相关滤波原理图

图中，$G(s)$为系统传递函数；$x(t)$、$y(t)$分别为系统的输入、输出；$\eta(t)$为输入噪声；$\xi(t)$为输出噪声；$x(t)$、$\eta(t)$和$\xi(t)$都是零均值的平稳随机过程，且彼此独立；$y(t)$也是零均值平稳随机过程。

设 $t\leqslant 0$ 时，系统静止。由卷积定理

$$y(t)=\int_0^{\infty} g(\sigma)[x(t-\sigma)+\eta(t-\sigma)]\,\mathrm{d}\sigma+\xi(t) \tag{4-3-1}$$

式中，$g(\sigma)$为系统的脉冲响应。令 $t=t_2$，得

$$y(t_2)=\int_0^{\infty} g(\sigma)[x(t_2-\sigma)+\eta(t_2-\sigma)]\,\mathrm{d}\sigma+\xi(t_2) \tag{4-3-2}$$

上式两边乘 $x(t_1)$，并取数学期望，得

$$E\{x(t_1)y(t_2)\}=\int_0^{\infty} g(\sigma)E\{x(t_1)x(t_2-\sigma)\}\,\mathrm{d}\sigma \tag{4-3-3}$$

上式左端为输出、输入之间的互相关函数 $R_{xy}(t_2-t_1)$，右端积分号内的数学期望为输入信号的自相关函数 $R_{xy}(t_2-t_1-\sigma)$，所以

$$R_{xy}(t_2-t_1)=\int_0^{\infty} g(\sigma)R_{xx}(t_2-t_1-\sigma)\,\mathrm{d}\sigma \tag{4-3-4}$$

令 $t_2-t_1=\tau$，则

$$R_{xy}(\tau)=\int_0^{\infty} g(\sigma)R_{xx}(\tau-\sigma)\,\mathrm{d}\sigma \tag{4-3-5}$$

这就是著名的维纳—霍甫积分方程，如果令 $\xi(t)=\eta(t)=0$，同样可导出上式。可见相关函数法具有某种滤波特性，弥补了脉冲响应法抗干扰弱的弱点。它建立起了自相关函数、互相关函数和系统脉冲函数之间的关系。然而求解这个积分方程比较困难，常用的方法有以下两种。

一是利用时域卷积定理：

$$R_{xy}(\tau)=\int_0^{\infty} g(\sigma)R_{xx}(\tau-\sigma)\mathrm{d}\sigma=g(\tau)*R_{xx}(\tau) \tag{4-3-6}$$

两边同时取离散傅立叶变换(DTFT)，得

$$S_{xy}(\omega)=G(\omega)S_{xx}(\omega)\Rightarrow G(\omega)=\frac{S_{xy}(\omega)}{S_{xx}(\omega)} \tag{4-3-7}$$

$S_{xx}(\omega)$、$S_{xy}(\omega)$分别为自功率谱和输入/输出的互功率谱。需要系统脉冲响应 $g(t)$时，再将系统的频率特性进行反傅氏变换，即：$g(t)=\mathrm{IFFT}[G(\omega)]$。

下面介绍另一种也是常用的一种方法。即当 R_{xx} 具有某种特殊的形式时，由维纳—霍甫积分方程直接解出的 $g(t)$具有很简单的形式。

1. 用白噪声作为输入信号

$x(t)$为零均值白噪声，则

$$\left.\begin{aligned}R_{xx}(\tau) &= K\delta(\tau)\\ R_{xy}(\tau) &= \int_0^\infty g(\sigma)K\delta(\tau-\sigma)\mathrm{d}\sigma = Kg(\tau)\end{aligned}\right\} \Rightarrow g(t) = \frac{1}{K}R_{xy}(\tau) \qquad (4-3-8)$$

用白噪声作为输入信号具有几个特点：

(1) 能量分布广，不影响系统正常运行，同时又能充分激励系统的模态。

(2) 计算简单，辨识精度高，对系统模型不要求验前知识。

然而本法也存在两个缺陷：

(1) 白噪声只是数学抽象，物理不可实现。

(2) 辨识时间无限长，引发新的问题。

2. 用周期性白噪声作为输入信号

当输入的信号是周期为 T 的白噪声时，有

$$\begin{aligned}R_{xy}(\tau) &= \int_0^\infty g(\sigma)R_{xx}(\tau-\sigma)\,\mathrm{d}\sigma\\ &= \int_0^T g(\sigma)R_{xx}(\tau-\sigma)\,\mathrm{d}\sigma + \int_T^{2T} g(\sigma)R_{xx}(\tau-\sigma)\,\mathrm{d}\sigma + \cdots\end{aligned} \qquad (4-3-9)$$

当 T 大于脉冲响应 $g(t)$ 衰减到零的时间，而 $R_{xx}(\tau-\sigma)=K\delta(\tau-\sigma)$，由上式可导出

$$\begin{aligned}R_{xy}(\tau) &= \int_0^T g(\sigma)R_{xx}(\tau-\sigma)\,\mathrm{d}\sigma\\ &= \int_0^T g(\sigma)K\delta(\tau-\sigma)\,\mathrm{d}\sigma = Kg(\tau)\end{aligned} \qquad (4-3-10)$$

其中，K 为白噪声的强度。由此可利用一个周期内的积分获得 $R_{xy}(\tau)$，从而求出 $g(t)$。

3. 用 M 序列作为输入信号

前已提到，用周期性的近似白噪声作为输入信号可以克服用白噪声作为输入信号的相关函数存在的两个缺陷。这种周期性的近似白噪声(称伪随机噪声)，可以用 M 序列来实现。M 序列具有以下几点重要性质：

1) 周期性

M 序列由 n 级移位寄存器产生，呈现周期性，其周期为 T，$T=N\Delta t$，N 为一个周期内的脉冲数，Δt 为时钟脉冲周期。$N=2^n-1$，n 为移位寄存器的数目。

2) 频率范围宽

M 序列的频率范围为 $3.2\times10^4 \sim 9.8\times10^{-7}$ Hz，由此可见，伪随机信号具有极大的适应能力，能用在极低频的系统，也可以用来测试响应快的元部件。

3) 自相关函数

M 序列的自相关函数可用下式表示：

$$R_{xx}(\tau) = \frac{N+1}{N}a^2\Delta\delta(\tau) - \frac{a^2}{N} \qquad (4-3-11)$$

式中，Δ 为 M 序列的步长。

4) 互相关函数

设输入信号 $x(t)$ 为 M 序列，输出信号 $y(t)$ 是平稳随机过程，则互相关函数为

$$\begin{aligned} R_{xy}(\tau) &= \int_0^{\infty} g(\sigma)R_{xx}(\tau-\sigma)\mathrm{d}\sigma \\ &= \int_0^{N\Delta} g(\sigma)\left(\frac{N+1}{N}a^2\Delta\delta(\tau-\sigma)-\frac{a^2}{N}\right)\mathrm{d}\sigma \\ &= \frac{N+1}{N}a^2\Delta g(\tau)-\frac{a^2}{N}\int_0^{N\Delta} g(\sigma)\mathrm{d}\sigma \end{aligned} \tag{4-3-12}$$

如果 $g(t)$在 M 序列一个周期 $T=N\Delta t$ 内衰减到零，则 $\frac{a^2}{N}\int_0^{N\Delta} g(\sigma)\mathrm{d}\sigma = c$，$c$ 为一常值。

当存在观测噪声时

$$R_{xy}(\tau)=\frac{1}{N}\sum_{i=0}^{N-1} x(i\Delta)z(i\Delta+\tau) \tag{4-3-13}$$

为了提高 $R_{xy}(\tau)$的精度，可以多测几个 M 序列的周期，然后取平均。

4.3.3　动态测试的原理

利用伪随机信号进行动态测试的思想源于参数辨识。通常情况下被测系统的模型结构是已知的，通过参数辨识获得系统的模型参数就可以得到系统的性能指标，对系统做出评价，其理论基础正是我们前面所讲的相关函数法。然而相关函数法获得的是非参数模型，和其它的参数辨识方法结合可直接获得参数模型，经过适当的数学处理，又可将它转换成系统的传递函数，从而直观地估计出系统的动态特性指标。这种方法具有很好的精度，而且很容易修改成递推算法。

1. 相关—最小二乘两步法(COR-LS)

设被测系统的模型为

$$\begin{aligned} & y(k)+a_1y(k-1)+\cdots+a_ny(k-n) \\ &= b_1x(k-1)+\cdots+b_mx(k-m)+n(k) \end{aligned} \tag{4-3-14}$$

其中，$x(k)$、$y(k)$为系统的输入和输出，$n(k)$是与输入无关的量测噪声。对上式两边同乘以 $x(k-\mu)$，并取数学期望得

$$\begin{aligned} & R_{xy}(\mu)+a_1R_{xy}(\mu-1)+\cdots+a_nR_{xy}(\mu-n) \\ &= b_1R_{xx}(\mu-1)+b_2R_{xx}(\mu-2)+\cdots+b_mR_{xx}(\mu-m) \end{aligned} \tag{4-3-15}$$

若$\{x(k)\}$、$\{y(k)\}$都是平稳序列，则有

$$\left.\begin{aligned} R_{xx}(\mu) &= \lim_{N\to\infty}\frac{1}{N}\sum_{k=1}^{N} x(k)x(k-\mu) \\ R_{xy}(\mu) &= \lim_{N\to\infty}\frac{1}{N}\sum_{k=1}^{N} y(k)x(k-\mu) \end{aligned}\right. \tag{4-3-16}$$

对式(4-3-15)的辨识可分两步进行。第一步利用相关分析法求得系统脉冲响应序列，第二步利用最小二乘法辨识参数。这就是相关—最小二乘两步法的基本思想。这样式(4-3-15)可表示成最小二乘格式

$$\hat{R}_{xy}(\mu)=\boldsymbol{h}^{\mathrm{T}}(\mu)\boldsymbol{\theta}+e(\mu) \tag{4-3-17}$$

$$\boldsymbol{h}^{\mathrm{T}}(\mu)=[-\hat{R}_{xy}(\mu-1),\cdots,-\hat{R}_{xy}(\mu-n),\hat{R}_{xx}(\mu-1),\cdots,\hat{R}_{xx}(\mu-m)]$$

$$\boldsymbol{\theta} = [a_1 \quad a_2 \quad \cdots \quad a_n \quad b_1 \quad b_2 \quad \cdots \quad b_m]^{\mathrm{T}} \tag{4-3-18}$$

其中，$e(\mu)$表示用$\hat{R}_{xx}(\mu)$、$\hat{R}_{xy}(\mu)$代替$R_{xx}(\tau)$、$R_{xy}(\tau)$后所造成的误差。

如果$R_{xy}(\tau)\neq 0$，$-P\leqslant\mu\leqslant N$，则

$$z_N = \boldsymbol{H}_N\boldsymbol{\theta} + \boldsymbol{e}_N \tag{4-3-19}$$

$$\begin{cases} \boldsymbol{z}_N = [\hat{R}_{xy}(-P+n), \cdots, \hat{R}_{xy}(-1), \hat{R}_{xy}(0), \hat{R}_{xy}(1), \cdots, \hat{R}_{xy}(N)]^{\mathrm{T}} \\ \boldsymbol{e}_N = [e(-P+n), \cdots, e(-1), e(0), e(1), \cdots, e(N)]^{\mathrm{T}} \\ \boldsymbol{H}_N = [h^{\mathrm{T}}(-P+n), h^{\mathrm{T}}(-P+n+1), \cdots, h^{\mathrm{T}}(-1), h^{\mathrm{T}}(0), h^{\mathrm{T}}(1), \cdots, h^{\mathrm{T}}(N)]^{\mathrm{T}} \end{cases} \tag{4-3-20}$$

利用最小二乘法就有

$$\hat{\boldsymbol{\theta}}_{\mathrm{CL}} = (\boldsymbol{H}_N^{\mathrm{T}}\boldsymbol{H}_N)^{-1}\boldsymbol{H}_N^{\mathrm{T}}\boldsymbol{z}_N \tag{4-3-21}$$

前面已经介绍，M 序列作为二进制伪随机码序列的一种形式，具有输入净扰动小，幅值、周期、时钟节拍容易控制等优点，目前已普遍被用作辨识输入信号。由于它具有近似白噪声的性质，可保证较好的辨识精度。它频谱广能充分激励系统，扰动小不会影响系统的工作状态，因而非常适合用作动态测试的激励信号，而且还可以进行在线测试。

当采用 M 序列作为系统输入时，式(4-3-20)中的$\boldsymbol{Z}_N$和$\boldsymbol{H}_N$可简化为

$$\begin{cases} \boldsymbol{z}_N = [R_{xy}(1), R_{xy}(2), \cdots, R_{xy}(N)]^{\mathrm{T}} \\ \boldsymbol{H}_N = \left[\begin{array}{cccc:cccc} -R_{xy}(0) & -R_{xy}(-1) & \cdots & -R_{xy}(1-n) & a^2 & -\dfrac{a^2}{N} & \cdots & -\dfrac{a^2}{N} \\ -R_{xy}(1) & -R_{xy}(0) & \cdots & -R_{xy}(2-n) & -\dfrac{a^2}{N} & a^2 & \cdots & -\dfrac{a^2}{N} \\ \vdots & \vdots & & \vdots & \vdots & \vdots & & \vdots \\ -R_{xy}(N-1) & -R_{xy}(N-2) & \cdots & -R_{xy}(N-n) & -\dfrac{a^2}{N} & -\dfrac{a^2}{N} & \cdots & -\dfrac{a^2}{N} \end{array}\right] \end{cases} \tag{4-3-22}$$

2. 相关—最小二乘两步法的实时递推算法

以上讨论的是一步完成的算法。为了进行在线测试，这里采用了一种不需要事先计算相关函数，可直接利用输入、输出数据递推计算参数估计值的实时递推算法。

当取$\mu=1, 2, \cdots, n+m$时，式(4-3-15)构成一个线性方程组

$$E\left\{\begin{bmatrix} x(k-1) \\ x(k-2) \\ \vdots \\ x(k-n) \\ \vdots \\ x(k-n-m) \end{bmatrix} z(k)\right\} = E\left\{\begin{bmatrix} x(k-1) \\ x(k-2) \\ \vdots \\ x(k-n) \\ \vdots \\ x(k-n-m) \end{bmatrix} \cdot \begin{bmatrix} -z(k-1) \\ \vdots \\ -z(k-n) \\ x(k-1) \\ \vdots \\ x(k-m) \end{bmatrix}^{\mathrm{T}}\right\}\boldsymbol{\theta} \tag{4-3-23}$$

令

$$\begin{cases} \boldsymbol{h}^*(k)=[x(k-1),\cdots,x(k-n),\cdots,x(k-n-m)]^{\mathrm{T}} \\ \boldsymbol{h}(k)=[-z(k-1),\cdots,-z(k-n),x(k-1),\cdots,x(k-m)] \end{cases} \tag{4-3-24}$$

则式(4－3－23)可写成

$$E\{\boldsymbol{h}^*(k)\boldsymbol{z}(k)\}=E\{\boldsymbol{h}^*(k)\boldsymbol{h}^{\mathrm{T}}(k)\}\boldsymbol{\theta} \tag{4-3-25}$$

由于数据是平稳序列，故式(4－3－25)可近似成

$$\frac{1}{N}\sum_{k=1}^{N}\boldsymbol{h}^*(k)\boldsymbol{z}(k)=\left[\frac{1}{N}\sum_{k=1}^{N}\boldsymbol{h}^*(k)\boldsymbol{h}^{\mathrm{T}}(k)\right]\boldsymbol{\theta}+e_N \tag{4-3-26}$$

其中，$\boldsymbol{e}_N$是式(4－3－25)近似成式(4－3－26)所造成的误差。由式(4－3－26)有

$$\begin{aligned} \hat{\boldsymbol{\theta}}&=\left[\sum_{i=1}^{N}\boldsymbol{h}^*(i)\boldsymbol{h}^{\mathrm{T}}(i)\right]^{-1}\left[\sum_{i=1}^{N}\boldsymbol{h}^*(i)\boldsymbol{z}(i)\right] \\ &\overset{\text{def}}{=}P(N)H_N^{*\mathrm{T}}z_N \end{aligned} \tag{4-3-27}$$

定义

$$\begin{cases} \boldsymbol{P}^{-1}(k)=\sum\limits_{i=1}^{k}\boldsymbol{h}^*(i)\boldsymbol{h}^{\mathrm{T}}(i)=\boldsymbol{H}_k^{*\mathrm{T}}\boldsymbol{H}_k \\ \boldsymbol{P}^{-1}(k-1)=\sum\limits_{i=1}^{k-1}\boldsymbol{h}^*(i)\boldsymbol{h}^{\mathrm{T}}(i)=\boldsymbol{H}_{k-1}^{*\mathrm{T}}\boldsymbol{H}_{k-1} \end{cases} \tag{4-3-28}$$

其中

$$\begin{cases} \boldsymbol{H}_k=\begin{bmatrix} h^{\mathrm{T}}(1) \\ h^{\mathrm{T}}(2) \\ \vdots \\ h^{\mathrm{T}}(k) \end{bmatrix},\quad \boldsymbol{H}_{k-1}=\begin{bmatrix} h^{\mathrm{T}}(1) \\ h^{\mathrm{T}}(2) \\ \vdots \\ h^{\mathrm{T}}(k-1) \end{bmatrix} \\ \boldsymbol{H}_k^*=\begin{bmatrix} h^{*\mathrm{T}}(1) \\ h^{*\mathrm{T}}(2) \\ \vdots \\ h^{*\mathrm{T}}(k) \end{bmatrix},\quad \boldsymbol{H}_{k-1}^*=\begin{bmatrix} h^{*\mathrm{T}}(1) \\ h^{*\mathrm{T}}(2) \\ \vdots \\ h^{*\mathrm{T}}(k-1) \end{bmatrix} \end{cases} \tag{4-3-29}$$

由式(4－3－28)可得

$$\begin{aligned} \boldsymbol{P}^{-1}(k)&=\sum_{i=1}^{k-1}\boldsymbol{h}^*(i)\boldsymbol{h}^{\mathrm{T}}(i)+\boldsymbol{h}^*(k)\boldsymbol{h}^{\mathrm{T}}(k) \\ &=\boldsymbol{P}^{-1}(k-1)+\boldsymbol{h}^*(k)\boldsymbol{h}^{\mathrm{T}}(k) \end{aligned} \tag{4-3-30}$$

置 $\boldsymbol{z}_{k-1}$ 为

$$\boldsymbol{z}_{k-1}=[z(1)\quad z(2)\quad \cdots\quad z(k-1)]^{\mathrm{T}} \tag{4-3-31}$$

则

$$\begin{aligned} \boldsymbol{\theta}(k-1)&=(\boldsymbol{H}_{k-1}^{*\mathrm{T}}\boldsymbol{H}_{k-1})^{-1}\boldsymbol{H}_{k-1}^{*\mathrm{T}}\boldsymbol{z}_{k-1} \\ &=\boldsymbol{P}(k-1)\left[\sum_{i=1}^{k-1}\boldsymbol{h}^*(i)\boldsymbol{z}(i)\right] \end{aligned} \tag{4-3-32}$$

于是有

$$\boldsymbol{P}^{-1}(k-1)\boldsymbol{\theta}(k-1)=\sum_{i=1}^{k-1}\boldsymbol{h}^{*}(i)\boldsymbol{z}(i) \tag{4-3-33}$$

令

$$\boldsymbol{z}_k=[z(1)\quad z(2)\quad \cdots\quad z(k)]^{\mathrm{T}} \tag{4-3-34}$$

并利用式(4-3-30)和式(4-3-33)，可得

$$\begin{aligned}\boldsymbol{\theta}(k)&=(\boldsymbol{H}_k^{*\,\mathrm{T}}\boldsymbol{H}_k)^{-1}\boldsymbol{H}_k^{*\,\mathrm{T}}\boldsymbol{z}_k\\&=\boldsymbol{P}(k)\left[\sum_{i=1}^{k}\boldsymbol{h}^{*}(i)\boldsymbol{z}(i)\right]\\&=\boldsymbol{P}(k)[\boldsymbol{P}^{-1}(k-1)\boldsymbol{\theta}(k-1)+\boldsymbol{h}^{*}(k)\boldsymbol{z}(k)]\\&=\boldsymbol{P}(k)\{[\boldsymbol{P}^{-1}(k)-\boldsymbol{h}^{*}(k)\boldsymbol{h}^{\mathrm{T}}(k)]\boldsymbol{\theta}(k-1)+\boldsymbol{h}^{*}(k)\boldsymbol{z}(k)\}\\&=\boldsymbol{\theta}(k-1)+\boldsymbol{P}(k)\boldsymbol{h}^{*}(k)[\boldsymbol{z}(k)-\boldsymbol{h}^{\mathrm{T}}(k)\boldsymbol{\theta}(k-1)]\end{aligned} \tag{4-3-35}$$

定义 $\boldsymbol{K}(k)$

$$\boldsymbol{K}(k)=\boldsymbol{P}(k)\boldsymbol{h}^{*}(k) \tag{4-3-36}$$

则式(4-3-35)写成

$$\boldsymbol{\theta}(k)=\boldsymbol{\theta}(k-1)+\boldsymbol{K}(k)[\boldsymbol{z}(k)-\boldsymbol{h}^{\mathrm{T}}(k)\boldsymbol{\theta}(k-1)] \tag{4-3-37}$$

进一步把式(4-3-30)写成

$$\begin{aligned}\boldsymbol{P}(k)&=[\boldsymbol{P}^{-1}(k-1)+\boldsymbol{h}^{*}(k)\boldsymbol{h}^{\mathrm{T}}(k)]^{-1}\\&=\boldsymbol{P}(k-1)-\boldsymbol{P}(k-1)\boldsymbol{h}^{*}(k)\boldsymbol{h}^{\mathrm{T}}(k)\boldsymbol{P}(k-1)[\boldsymbol{h}^{\mathrm{T}}(k)\boldsymbol{P}(k-1)\boldsymbol{h}^{*}(k)+\boldsymbol{I}]^{-1}\\&=\left[\boldsymbol{I}-\frac{\boldsymbol{P}(k-1)\boldsymbol{h}^{*}(k)\boldsymbol{h}^{\mathrm{T}}(k)}{\boldsymbol{h}^{\mathrm{T}}(k)\boldsymbol{P}(k-1)\boldsymbol{h}^{*}(k)+1}\right]\boldsymbol{P}(k-1)\end{aligned} \tag{4-3-38}$$

将式(4-3-38)代入式(4-3-36)，整理后有

$$\boldsymbol{K}(k)=\boldsymbol{P}(k-1)\boldsymbol{h}^{*}(k)[\boldsymbol{h}^{\mathrm{T}}(k)\boldsymbol{P}(k-1)\boldsymbol{h}^{*}(k)+\boldsymbol{I}]^{-1} \tag{4-3-39}$$

综合式(4-3-37)、式(4-3-38)和式(4-3-39)，得到 RCLS：

$$\begin{cases}\boldsymbol{q}(k)=\boldsymbol{q}(k-1)+\boldsymbol{K}(k)[\boldsymbol{z}(k)-\boldsymbol{h}^{\mathrm{T}}(k)\boldsymbol{q}(k-1)]\\\boldsymbol{K}(k)=\boldsymbol{P}(k-1)\boldsymbol{h}^{*}(k)[\boldsymbol{h}^{\mathrm{T}}(k)\boldsymbol{P}(k-1)\boldsymbol{h}^{*}(k)+\boldsymbol{I}]^{-1}\\\boldsymbol{P}(k)=[\boldsymbol{I}-\boldsymbol{K}(k)\boldsymbol{h}^{\mathrm{T}}(k)]\boldsymbol{P}(k-1)\end{cases} \tag{4-3-40}$$

针对动态测试的工程背景，取参数的理论值作为式(4-3-40)的初值，即有

$$\begin{cases}\hat{\boldsymbol{\theta}}(0)=\boldsymbol{\theta}_t\\\boldsymbol{P}(0)=\alpha\boldsymbol{I}\\\boldsymbol{K}(0)=\boldsymbol{I}\end{cases} \tag{4-3-41}$$

这样使得递推算法的实时性和稳定性大大提高。

4.4 伪随机激励下导弹控制系统动态测试

导弹控制系统的测试是确保其可靠地完成规定任务的重要手段，而测试的快速性、准

确性与完备性是评价测试性能的主要指标。传统的测试方法以静态传递系数测试为主。采用这种测试方法，系统的工作模态没有得到充分的激励，尤其是具有过渡过程特性的元件的特性没有得到充分体现，可能存在一些隐性故障。相对于静态测试，动态测试对系统的考核更完备。在动态测试中，系统的动、静态特性都可以得到充分的激励和体现，更能反映系统的真实工作状态，易于暴露系统中存在的问题，利于故障的自动检测与诊断，从而满足快速性、准确性与完备性的要求。

4.4.1　伪随机激励下姿态控制系统动态测试的步骤

1. 确定 M 序列

根据被测系统动态特性的先验知识，确定 M 序列的参数 Δ、N、a。

选择试验信号的一个原则是要求试验信号的频谱能完全覆盖被测系统的频谱宽度。因此，M 序列的参数 Δ、N 应满足

$$\frac{2\pi}{3\Delta} > \omega_{\max} \quad 或 \quad \Delta < \frac{2\pi}{3\omega_{\max}}$$

$$T = N\Delta > T_s \quad 或取 \quad N\Delta = (1.2 \sim 1.5)T_s$$

$\omega_{\max}$、T_s 为系统最高工作频率和过渡过程时间，可以通过阶跃响应法和正弦响应法粗略测定。为了获得较高的信噪比，信号的幅值 a 应尽量取得大一些。

2. 预激励

在推导 W－H 方程时，所作的一个基本假设是系统的输入 $x(n)$ 和输出 $y(n)$ 为平稳序列。由于系统本身存在惯性，开始输入信号时，常受到非零初始条件的影响，使得输出 $y(n)$ 是非平稳的。从第二个周期开始，$y(n)$ 和 $x(n)$ 一样是平稳的。因此需要预先加一个周期的激励信号，利用从第二个周期开始测量得到的输出信号来计算。

3. 参数辨识

按 4.3 节的算法进行系统参数辨识，得到差分方程模型。

4. 性能指标的计算

采用伪随机信号激励下的动态测试，所得的结果为系统模型——差分方程的系数，但习惯上是用静、动态指标系统性能来衡量的。对低阶（一阶、二阶）系统有相应的静、动态性能指标换算公式，但对高阶系统，其动态性能指标只能从数学模型——传递函数中计算。当已知系统的传递函数模型 $G(s)$ 时，系统的频率响应可由 $G(s)|_{s=j\omega}$ 直接计算出来。这就需要将系统模型由差分方程转换为传递函数。对于不同的输入信号，由差分方程求传递函数的计算公式不同。对伪随机输入信号没有由差分方程求传递函数的专门计算公式，而是根据输出响应不变法的原理，按采样间隔用折线逼近伪随机输入信号，得到在伪随机输入信号条件下，由差分方程求传递函数的计算公式。

首先对辨识得到的差分方程进行 Z 变换，并化成部分分式和的形式，即

$$H(z) = K + \sum_{i=1}^{n} \frac{q_i}{z - p_i} \tag{4-4-1}$$

则连续传递函数为

$$H(s) = K_a + \sum_{i=1}^{n} \frac{c_i}{s - \alpha_i} \tag{4-4-2}$$

其中

$$\begin{cases} \alpha_i = \dfrac{1}{T}\ln p_i \\ c_i = \dfrac{q_i\alpha_i^2 T}{(e^{\alpha_i T}-1)^2} \\ K_a = K - \sum\limits_{i=1}^{n} \dfrac{c_i}{T\alpha_i^2}(e^{\alpha_i T} - \alpha_i T - 1) \end{cases} \tag{4-4-3}$$

4.4.2　实验

为了检验这一测试方法的可行性，在实验室条件下对某一姿态控制系统中的横向稳定仪进行了验证测试。首先确定 M 序列的参数，并对系统预激励一个周期后采集输入、输出数据，利用测试数据按式(4-3-21)和式(4-3-40)分别辨识系统的模型参数($N=16$，$T=0.1024$ s)，得到系统参数的测试值，见表 4-4-1。

表 4-4-1　两种参数辨识结果对比

参数	CLS	RCLS
a_1	−1.2820	−1.2843
a_2	0.351 39	0.349 89
a_3	−0.023 024	−0.02512
b_1	0.111 22	0.109 56
b_2	0.1906	0.189 17
b_3	0.016 989	0.017 584

为了计算被测系统的指标，利用式(4-4-2)将差分方程转换为传递函数：

$$G(s) = \frac{b_0}{s^3 + a_2 s^2 + a_1 s + a_0} \tag{4-4-4}$$

在式(4-4-4)中令 $s=j\omega$，可计算得出被测系统的频率特性(见表 4-4-2)，其它指标也可由式(4-4-4)计算。

表 4-4-2　被测系统的频率特性

频率特性		原方法		新方法	
		$A(\omega)$	$\varphi(\omega)$	$A(\omega)$	$\varphi(\omega)$
ω (1/rad)	10	0.25 dB	17.1°	0.33 dB	17.0°
	30	2.2 dB	44.4°	2.33 dB	44.1°
	100	9.6 dB	83.6°	9.56 dB	83.6°
	314	20.3 dB	123°	20.15 dB	123.5°

4.4.3　结论

比较动态测试和原测试方法，所得结果几乎相同，但动态测试可以给出系统的模型，测试时间短，测试更完整，有利于故障分析。从实验结果看，动态测试满足第一节提出的测试要求。

最后顺便指出，相关函数法除了可以采用前面介绍的 M 序列作为输入信号外，还可以采用逆序重复 M 序列作为输入信号。逆序重复 M 序列是一种比 M 序列更为理想的伪随机二位式序列，它的产生方法非常简单，且随机性质优于 M 序列，而且用它作为输入信号的相关函数法算式更为简单。所以逆序重复 M 序列在辨识领域应用得也很广泛。

第5章　测试数据时间序列分析建模法

一般的系统辨识方法都是根据被辨识系统的输入、输出信息，按照一定的估计准则来辨识系统的数学模型或进行模型参数的估计的。然而，在工程领域的某些系统中，特别是在非工程领域的许多社会系统、经济系统中，常常遇到一些独立的不可观测的输入信息，或者不允许施加外部输入信号的情况，要对这些系统进行预测、判断或控制，必须根据仅有的含噪声的输出随机时间序列来建立输出时间序列的数学模型，我们称这一类问题为时间序列分析建模。

5.1　平稳随机时间序列线性模型的辨识方法

5.1.1　时间序列与平稳时间序列

一般来说，一串带有随机性的随时间变化的无穷数据序列称为随机时间序列，简称时间序列。

表示随机现象的某一个时间历程称为样本函数。随机现象可能产生的全部样本函数的集合称为随机过程，所以随机过程是许多样本函数的总体。随机过程可以分为平稳的和非平稳的两种。因此时间序列也有平稳与非平稳之分。本章着重讨论平稳时间序列的建模，而对非平稳时间序列，则可以采取一些措施将它变成平稳的时间序列，然后利用平稳时间序列的建模方法来建立其模型。

时间序列建模问题讨论的内容，是根据被辨识系统的随机输出序列，即根据对象过去的输出记录，建立输出序列的数学模型。以便通过它们对输出进行预测与控制。这种方法在随机最优控制、自适应控制中，至少对于单变量系统已经获得了成功的应用，而在社会、经济系统中的应用则更为广泛。

5.1.2　平稳时间序列的类型

众所周知，对于一个均值为零的平稳时间序列，总能以足够的精度把它表示成用零均值白噪声作为输入的线性定常滤波器的输出。因此，平稳时间序列的这个滤波器的输入、输出关系，可以有三种基本方式加以描述。

第一种是将它表示成

$$y(k)=v(k)-\sum_{j=1}^{m}b_jv(k-j)$$

$$=v(k)-b_1v(k-1)-b_2v(k-2)-\cdots-b_mv(k-m) \qquad (5-1-1)$$

其结构图如图 5-1-1 所示。

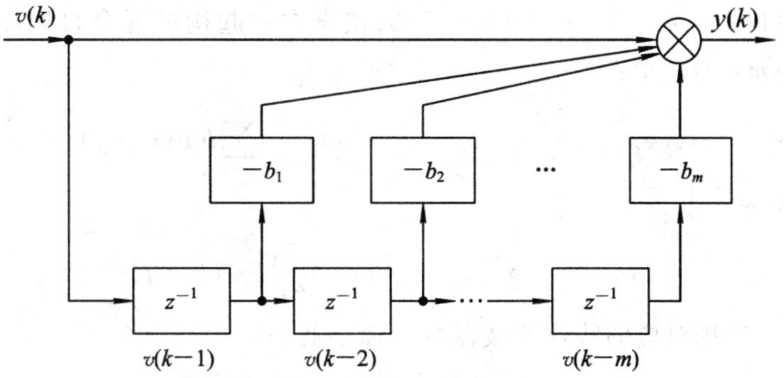

图 5-1-1　移动平均模型

考虑到$\{v(k)\}$为不相关的白噪声序列，不能根据它的过去值来预测，因此，$y(k)$的估计值 $\hat{y}(k)$，只能采用下列估计模型：

$$\hat{y}(k)=-\sum_{j=1}^{m}\hat{b}_jv(k-j) \qquad (5-1-2)$$

所以，这种估计只不过是以往输入信号的加权和。因为它在$\{v(k)\}$序列的 m 个值上作移动着的运算，故称这种模型为移动平均模型，简称 MA 模型（MA 为 Moving Average 的字头）。当阶数为 m 时，称之为 m 阶 MA 模型，并记为 MA(m)。

第二种是将线性滤波器表示成另一种形式：

$$y(k)=\sum_{i=1}^{n}a_iy(k-i)+v(k) \qquad (5-1-3)$$

其中，$\{v(k)\}$为零均值的白噪声序列。其结构图如图 5-1-2 所示。

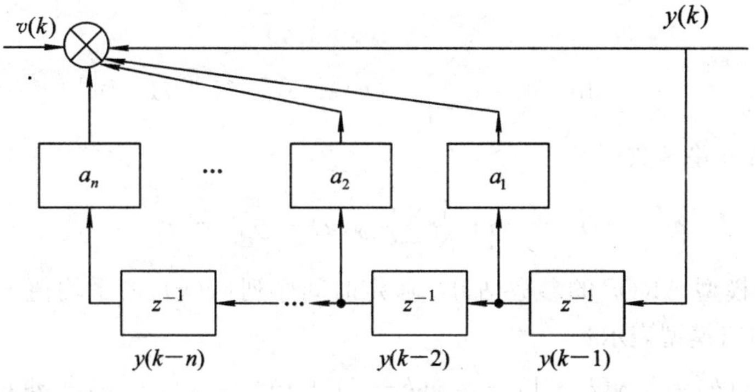

图 5-1-2　自回归模型

其估计模型为

$$\hat{y}(k) = \sum_{i=1}^{n} \hat{a}_i y(k-i) \tag{5-1-4}$$

由于第 k 拍的含噪声输出 $y(k)$ 的估计值 $\hat{y}(k)$ 由它自身的过去值的加权和来表示，故有自回归之称。对于这种 n 阶线性滤波器来说，常称之为 n 阶自回归模型，用 AR(n)表示之(AR 是 Auto-Regress 的字头)。

第三种，可以把式(5-1-1)和(5-1-3)组合在一起构成混合自回归移动平均模型，简称为 ARMA(m, n)模型：

$$y(k) = \sum_{i=1}^{n} a_i y(k-i) + v(k) - \sum_{j=1}^{m} b_j v(k-j) \tag{5-1-5}$$

其估计模型为

$$\hat{y}(k) = \sum_{i=1}^{n} \hat{a}_i y(k-i) - \sum_{j=1}^{m} \hat{b}_j v(k-j) \tag{5-1-6}$$

与式(5-1-5)相对应的线性滤波器的传递函数为

$$G(z) = \frac{1 - b_1 z^{-1} - \cdots - b_m z^{-m}}{1 - a_1 z^{-1} - \cdots - a_n z^{-n}} \tag{5-1-7}$$

如果时间序列$\{y(k)\}$不具有零均值，为了得到对于均值的偏差，我们可以从每个 $y(i)$ 中减去其平均值 $\bar{y}$，在这种情况下，估计模型可改写为

$$\hat{y}(k) = \sum_{i=1}^{n} \hat{a}_i y(k-i) - \sum_{j=1}^{m} \hat{b}_j v(k-j) + (1 - \hat{a}_1 - \hat{a}_2 - \cdots \hat{a}_n)\bar{y} \tag{5-1-8}$$

上述三种模型 AR(n)、MA(m)和 ARMA(m, n)是较为常见的也是最普通的时间序列模型，在工业生产生活的预测、判断和控制中应用得较为广泛。

5.1.3 模型参数估计

在估计上述 AR(n)、MA(m)和 ARMA(m, n)模型的诸参数 $a_i(i=1, 2, \cdots, n)$、$b_j(j=1, 2, \cdots, m)$时，均需用到时间序列 $y(k)$ 的自相关系数 ρ_i，它定义为

$$\rho_i = \frac{r_i}{r_0} \tag{5-1-9}$$

其中

$$r_i = \lim_{N\to\infty} \frac{1}{N-i} \sum_{k=1}^{N-i} [y(k) - \bar{y}][y(k-i) - \bar{y}] \tag{5-1-10}$$

为$\{y(k)\}$的自协方差函数；

$$r_0 = \lim_{N\to\infty} \frac{1}{N} \sum_{k=1}^{N} [y(k) - \bar{y}]^2 = \sigma_y^2 \tag{5-1-11}$$

(1) 自回归模型 AR(n)的参数估计。假定时间序列$\{y(k)\}$的平均值 $\bar{y}$ 为零，则$\{y(k)\}$可以用下列自回归模型表示：

$$\begin{aligned} y(k) &= a_1 y(k-1) + a_2 y(k-2) + \cdots + a_n y(k-n) + v(k) \\ &= \sum_{i=1}^{n} a_i y(k-i) + v(k) \end{aligned} \tag{5-1-12}$$

设 $y(k)$ 的最优估计为

$$\hat{y}(k)=\hat{a}_1 y(k-1)+\hat{a}_2 y(k-2)+\cdots+\hat{a}_n y(k-n)$$
$$=\sum_{i=1}^{n}\hat{a}_i y(k-i) \tag{5-1-13}$$

如果 $\{y(k)\}$ 的平均值 $\bar{y}$ 不为零，则其自回归模型为

$$y(k)-\bar{y}=a_1[y(k-1)-\bar{y}]+a_2[y(k-2)-\bar{y}]+\cdots$$
$$+a_n[y(k-n)-\bar{y}]+v(k)$$
$$=\sum_{i=1}^{n}a_i[y(k-i)-\bar{y}]+v(k) \tag{5-1-14}$$

或

$$y(k)=\sum_{i=1}^{n}a_i y(k-i)+\left(1-\sum_{i=1}^{n}a_i\right)\bar{y}+v(k) \tag{5-1-15}$$

其最优估计为

$$\hat{y}(k)=\sum_{i=1}^{n}\hat{a}_i y(k-i)+\left(1-\sum_{i=1}^{n}\hat{a}_i\right)\bar{y} \tag{5-1-16}$$

则估计误差为

$$e(k)=y(k)-\hat{y}(k)=y(k)-\sum_{i=1}^{n}\hat{a}_i y(k-i)-\left(1-\sum_{i=1}^{n}\hat{a}_i\right)\bar{y} \tag{5-1-17}$$

估计误差的方差为

$$J=\frac{1}{N}\sum_{k=1}^{N}e^2(k)=\frac{1}{N}\sum_{k=1}^{N}\left[y(k)-\sum_{i=1}^{n}\hat{a}_i y(k-i)-\left(1-\sum_{i=1}^{n}\hat{a}_i\right)\bar{y}\right]^2 \tag{5-1-18}$$

求 J 关于 $\hat{a}_i$ 的偏导数，并令其等于零，可得

$$\frac{\partial J}{\partial \hat{a}_i}=-2\frac{1}{N}\sum_{k=1}^{N}\left[y(k)-\sum_{i=1}^{n}\hat{a}_i y(k-i)-\left(1-\sum_{i=1}^{n}\hat{a}_i\right)\bar{y}\right][y(k-i)-\bar{y}]=0 \tag{5-1-19}$$

即

$$\frac{1}{N}\sum_{k=1}^{N}\left\{\left[y(k)-\sum_{i=1}^{n}\hat{a}_i y(k-i)-\left(1-\sum_{i=1}^{n}\hat{a}_i\right)\bar{y}\right]\right\}[y(k-i)-\bar{y}]=0 \tag{5-1-20}$$

或

$$\frac{1}{N}\sum_{k=1}^{N}\left\{[y(k)-\bar{y}][y(k-i)-\bar{y}]-\sum_{i=1}^{n}\hat{a}_i[y(k-i)-\bar{y}][y(k-i)-\bar{y}]\right\}=0 \tag{5-1-21}$$

当 $N\to\infty$ 时，有

$$r_i-(\hat{a}_1 r_{i-1}+\hat{a}_2 r_{i-2}+\cdots+\hat{a}_i r_0+\hat{a}_{i+1}r_1+\cdots+\hat{a}_n r_{n-i})=0 \tag{5-1-22}$$

用 r_0 去除上式，可得以自相关系数 ρ_i 表示的方程：

$$\rho_i=\hat{a}_1\rho_{i-1}+\hat{a}_2\rho_{i-2}+\cdots+\hat{a}_i+\hat{a}_{i+1}\rho_1+\cdots+\hat{a}_n\rho_{n-i} \tag{5-1-23}$$

令 $i=1, 2, \cdots, n$，可得 n 个方程：

$$
\begin{aligned}
&\hat{a}_1 + \rho_1\hat{a}_2 + \rho_2\hat{a}_3 + \cdots + \rho_{n-1}\hat{a}_n = \rho_1 \\
&\rho_1\hat{a}_1 + \hat{a}_2 + \rho_1\hat{a}_3 + \cdots + \rho_{n-2}\hat{a}_n = \rho_2 \\
&\qquad\vdots \\
&\rho_{n-1}\hat{a}_1 + \rho_{n-2}\hat{a}_2 + \rho_2\hat{a}_3 + \cdots + \hat{a}_n = \rho_n
\end{aligned}
\tag{5-1-24}
$$

把以上 n 个方程写成向量矩阵形式，可得

$$
\begin{bmatrix}
1 & \rho_1 & \rho_2 & \cdots & \rho_{n-1} \\
\rho_1 & 1 & \rho_1 & \cdots & \rho_{n-2} \\
\rho_2 & \rho_1 & 1 & \cdots & \rho_{n-3} \\
\vdots & \vdots & \vdots & & \vdots \\
\rho_{n-1} & \rho_{n-2} & \rho_{n-3} & \cdots & 1
\end{bmatrix}
\begin{bmatrix}
\hat{a}_1 \\ \hat{a}_2 \\ \hat{a}_3 \\ \vdots \\ \hat{a}_n
\end{bmatrix}
=
\begin{bmatrix}
\rho_1 \\ \rho_2 \\ \rho_3 \\ \vdots \\ \rho_n
\end{bmatrix}
\tag{5-1-25}
$$

解上式，可得模型诸参数 $\hat{a}_1$，$\hat{a}_2$，…，$\hat{a}_n$ 的值。

（2）移动平均模型 MA(m)的参数估计。假设时间序列$\{y(k)\}$的平均值为 $\bar{y}$，则$\{y(k)\}$可以用下列移动平均模型表示：

$$
\begin{aligned}
y(k) &= \bar{y} + v(k) - b_1 v(k-1) - b_2 v(k-2) - \cdots - b_m v(k-m) \\
&= \bar{y} - \sum_{j-1}^{m} b_j v(k-j) + v(k)
\end{aligned}
\tag{5-1-26}
$$

式中，$\{v(k)\}$是均值为零的白噪声序列，且具有相同的方差。

其估计模型为

$$
\hat{y}(k) = \bar{y} - \sum_{j=1}^{m} \hat{b}_j v(k-j) \tag{5-1-27}
$$

则估计误差为

$$
v(k) = y(k) - \hat{y}(k) \tag{5-1-28}
$$

故估计模型又可写为

$$
\hat{y}(k) = \bar{y} - \sum_{j=1}^{m} \hat{b}_j [y(k-j) - \hat{y}(k-j)] \tag{5-1-29}
$$

由于

$$
y(k) - \hat{y}(k) = y(k) - \bar{y} + \sum_{j=1}^{m} \hat{b}_j [y(k-j) - \hat{y}(k-j)]
$$

所以

$$
\begin{aligned}
y(k) - \bar{y} &= [y(k) - \hat{y}(k)] - \sum_{j=1}^{m} \hat{b}_j [y(k-j) - \hat{y}(k-j)] \\
&= [y(k) - \hat{y}(k)] - \hat{b}_1 [y(k-1) - \hat{y}(k-1)] \\
&\quad - \hat{b}_2 [y(k-2) - \hat{y}(k-2)] - \cdots \\
&\quad - \hat{b}_m [y(k-m) - \hat{y}(k-m)]
\end{aligned}
\tag{5-1-30}
$$

同理

$$
\begin{aligned}
y(k-j)-\bar{y}= & [y(k-j)-\hat{y}(k-j)]-\hat{b}_1[y(k-j-1)-\hat{y}(k-j-1)] \\
& -\hat{b}_2[y(k-j-2)-\hat{y}(k-j-2)]-\cdots \\
& -\hat{b}_m[y(k-j-m)-\hat{y}(k-j-m)]
\end{aligned} \tag{5-1-31}
$$

因为$\{[y(k)-\hat{y}(k)]\}$是均值为零的白噪声序列，故

$$
E\{[y(k)-\hat{y}(k)][y(j)-\hat{y}(j)]\}=\begin{cases}\sigma_v^2, & k=j \\ 0, & k\neq j\end{cases} \tag{5-1-32}
$$

式(5-1-30)两端分别乘以式(5-1-31)两端，并取数学期望可得

$j=0$ 时

$$
\begin{aligned}
r_0 &= \sigma_v^2+\hat{b}_1^2\sigma_v^2+\hat{b}_2^2\sigma_v^2+\cdots+\hat{b}_m^2\sigma_v^2 \\
&= (1+\hat{b}_1^2+\hat{b}_2^2+\cdots+\hat{b}_m^2)\sigma_v^2
\end{aligned} \tag{5-1-33}
$$

$j\neq0$ 时

$$
r_j=(-\hat{b}_j+\hat{b}_{j+1}\hat{b}_1+\cdots+\hat{b}_{m-j}\hat{b}_m)\sigma_v^2 \tag{5-1-34}
$$

式(5-1-34)除以式(5-1-33)，可得自相关系数：

$$
\rho_j=\frac{r_j}{r_0}=\frac{-\hat{b}_j+\hat{b}_{j+1}\hat{b}_1+\cdots+\hat{b}_{m-j}\hat{b}_m}{1+\hat{b}_1^2+\hat{b}_2^2+\cdots+\hat{b}_m^2}\quad (j=1,2,\cdots,m) \tag{5-1-35}
$$

当令 $j=1,2,\cdots,m$ 时，代入式(5-1-35)，可得 m 个非线性方程：

$$
\begin{cases}
\rho_1=\dfrac{-\hat{b}_1+\hat{b}_2\hat{b}_1+\cdots+\hat{b}_{m-1}\hat{b}_m}{1+\hat{b}_1^2+\hat{b}_2^2+\cdots+\hat{b}_m^2} \\
\rho_2=\dfrac{-\hat{b}_2+\hat{b}_3\hat{b}_1+\cdots+\hat{b}_{m-2}\hat{b}_m}{1+\hat{b}_1^2+\hat{b}_2^2+\cdots+\hat{b}_m^2} \\
\quad\vdots \\
\rho_m=\dfrac{-\hat{b}_m}{1+\hat{b}_1^2+\hat{b}_2^2+\cdots+\hat{b}_m^2}
\end{cases} \tag{5-1-36}
$$

其中：$\hat{b}_{m+1}=\hat{b}_{m+2}=\cdots=0$，$\hat{b}_0=1$。

联立求解这 m 个非线性方程，可解得 m 个模型参数 $\hat{b}_1$，$\hat{b}_2$，…，$\hat{b}_m$。当 m 值较大时，解式(5-1-36)可用迭代法进行。关于非线性方程的求解可以参考相关资料。

(3) 自回归移动平均模型ARMA(n, m)的参数估计。自回归移动平均模型ARMA(n, m)为

$$
y(k)=\bar{y}+\sum_{i=1}^{n}a_i[y(k-i)-\bar{y}]-\sum_{j=1}^{m}b_jv(k-i)+v(k) \tag{5-1-37}
$$

式中，$\{v(k)\}$是均值为零的白噪声序列，且具有相同的方差 σ_v^2。

其估计模型为

$$
\begin{aligned}
\hat{y}(k) &= \bar{y}+\sum_{i=1}^{n}\hat{a}_i[y(k-i)-\bar{y}]-\sum_{j=1}^{m}\hat{b}_jv(k-i) \\
&= \bar{y}+\sum_{i=1}^{n}\hat{a}_i[y(k-i)-\bar{y}]-\sum_{j=1}^{m}\hat{b}_j[y(k-i)-\hat{y}(k-i)]
\end{aligned} \tag{5-1-38}
$$

当估计值 $\hat{y}(k)$ 比较准确时，可把 $\{y(k)-\hat{y}(k)\}=\{v(k)\}$ 看做均值为零的白噪声序列，且具有相同方差 σ_v^2。模型参数的估计值 $\hat{a}_i(i=1, 2, \cdots, n)$ 和 $\hat{a}_j(j=1, 2, \cdots, n)$ 可分别按下列两方程求得：

$$\begin{bmatrix} 1 & \rho_1 & \rho_2 & \cdots & \rho_{n-1} \\ \rho_1 & 1 & \rho_1 & \cdots & \rho_{n-2} \\ \rho_2 & \rho_1 & 1 & \cdots & \rho_{n-3} \\ \vdots & \vdots & \vdots & & \vdots \\ \rho_{n-1} & \rho_{n-2} & \rho_{n-3} & \cdots & 1 \end{bmatrix} \begin{bmatrix} \hat{a}_1 \\ \hat{a}_2 \\ \hat{a}_3 \\ \vdots \\ \hat{a}_n \end{bmatrix} = \begin{bmatrix} \rho_1 \\ \rho_2 \\ \rho_3 \\ \vdots \\ \rho_n \end{bmatrix} \tag{5-1-39}$$

$$\rho_j = \frac{-\hat{b}_j + \hat{b}_{j+1}\hat{b}_1 + \cdots + \hat{b}_{m-j}\hat{b}_m}{1+\hat{b}_1^2+\hat{b}_2^2+\cdots+\hat{b}_m^2} \quad (j=1, 2, \cdots, m) \tag{5-1-40}$$

5.2 长自回归 ARMA 参数估计

根据第一节中关于时间序列模型的介绍，我们知道如何准确地对模型参数进行估计涉及所建模型的准确性问题。而关于模型参数估计的方法层出不穷，基本上可以分为三类：基于时序理论的估计方法、基于优化理论的估计方法和基于控制理论的估计方法。本节要介绍的长自回归模型法是一种基于时序理论的估计方法，能够将参数的非线性估计转化成为常规的线性估计，简化了计算过程。

长自回归模型法是基于模型等效的方法对 ARMA 模型进行参数估计的，其基本思想是：基于观测时序建立起来的 AR 模型、MA 模型、ARMA 模型，均是等价系统的数学模型，因而，由这些模型确定的等价系统的传递函数在形式上虽然不同，但传递函数应该相等，这样可以先估计出 AR 模型(称为长自回归模型)或 MA 模型(称为长滑动平均模型)，再根据传递函数相等的关系估计出 ARMA 模型的 a_i 和 b_j。下面讨论长自回归模型法。

5.2.1 长自回归模型法

一个观测序列 $\{y(k)\}$，可用 AR(p)模型来描述，也可用 ARMA(n, m)模型来描述，一般有 $p \geqslant n+m$，故称 AR(p)为长自回归模型。由 AR(p)模型描述的等价系统传递函数为

$$\frac{1}{a_p(B)} = \frac{1}{1-\sum_{i=1}^{p} I_i B^i} \tag{5-2-1}$$

式中，I_i 是逆函数，I_i 等于 AR 模型参数 a_i，$B=z^{-1}$ 为算子。由 ARMA(n, m)模型描述的等价系统传递函数为

$$\frac{b_m(B)}{a_n(B)} = \frac{1-\sum_{i=1}^{m} b_j B^j}{1-\sum_{i=1}^{n} a_i B^i} \tag{5-2-2}$$

由于各传递函数所描述的系统是等价的，故上述两式应相等，即有

$$
\begin{aligned}
&(1-I_1B-I_2B^2-\cdots-I_pB^p)(1-b_1B-b_2B^2-\cdots-b_mB^m)\\
&=1-a_1B-a_2B^2-\cdots-a_nB^n
\end{aligned}
\tag{5-2-3}
$$

比较上式两边 B 算子的同次幂系数，有

$$
\begin{cases}
a_1=b_1+I_1\\
a_2=b_2-b_1I_1+I_2\\
a_3=b_3-b_2I_1-b_1I_2+I_3\\
\quad\vdots\\
a_n=-b_mI_{n-m}-\cdots-b_2I_{n-2}-b_1I_{n-1}+I_n\\
0=-b_mI_{k-m}-\cdots-b_2I_{k-2}-b_1I_{k-1}+I_k \qquad (k>n)
\end{cases}
\tag{5-2-4}
$$

对于此式中前 n 个方程，当 b_j 已知时，这是关于 a_i 的线性方程组，可方便地解出 a_i 为

$$
\begin{Bmatrix} a_1\\ a_2\\ a_3\\ \vdots\\ a_n \end{Bmatrix}=\begin{Bmatrix} b_1\\ b_2\\ b_3\\ \vdots\\ b_n \end{Bmatrix}+\begin{Bmatrix} 1 & 0 & 0 & \cdots & 0\\ -b_1 & 1 & 0 & \cdots & 0\\ -b_2 & -b_1 & 1 & \cdots & 0\\ \vdots & \vdots & \vdots & \ddots & \vdots\\ -b_{n-1} & -b_{n-2} & -b_{n-3} & \cdots & 1 \end{Bmatrix}\begin{Bmatrix} I_1\\ I_2\\ I_3\\ \vdots\\ I_n \end{Bmatrix}
\tag{5-2-5}
$$

注意此式中，当 $j>m$ 后，取 $b_j=0$。对于式(5－2－4)的最后一式，分别令 $k=n+1$，$n+2$，…，$n+m$，且 $n+m=p$，写成矩阵形式有

$$
\begin{Bmatrix} I_{n+1}\\ I_{n+2}\\ \vdots\\ I_{n+m} \end{Bmatrix}=\begin{Bmatrix} I_n & I_{n-1} & I_{n-2} & \cdots & I_{n-1+m}\\ I_{n+1} & I_n & I_{n-1} & \cdots & I_{n-2+m}\\ \vdots & \vdots & \vdots & \ddots & \vdots\\ I_{n+m-1} & I_{n+m-2} & I_{n+m-3} & \cdots & I_n \end{Bmatrix}\begin{Bmatrix} b_1\\ b_2\\ \vdots\\ b_m \end{Bmatrix}
\tag{5-2-6}
$$

此式仍是关于 b_j 的线性方程组，可以方便地求解出 b_j。因此，可以先解式(5－2－6)的 b_j 后，再解式(5－2－5)的 a_i，这就是长自回归模型法的计算原理。然而，式(5－2－5)和式(5－2－6)中的 n、m 均为未知的参数，故只能进行搜索计算。参数估计时，当对 $\{y(k)\}$ 拟合出长自回归模型 AR(p)后，I_1，I_2，…，I_p 和 p 值已知，再令 $n+m=p$，从 $m=1$ 开始按式(5－2－6)进行搜索，当 m 的取值小于或等于所拟合的 ARMA 模型的 MA 部分的阶次时，$b_m\neq0$；当 m 的取值大于所拟合的 ARMA 模型的 MA 部分的阶次时，$b_m\to0$。根据这一原则，可确定出值 m 与相应的 b_j，再由 $n=p-m$，及线性方程组(5－2－5)可得到 a_i。$n=p-m$ 表示所拟合的 ARMA 模型的 AR 部分的最高阶次为 $p-m$；同理，当 n 的取值大于所拟合的 ARMA 模型的 AR 部分的阶次时，$a_n\to0$，故还应检查所求出的 n 个 a_i 值，略去后面几个极小的 a_i 值，所剩下的 a_i 即为自回归参数，同时也确定了 AR 部分的阶次 n。

5.2.2　长自回归模型法的计算步骤

采用长自回归模型法进行参数估计的计算步骤可以表示如下：

(1) 对观测序列{$y(k)$}拟合出长自回归模型 AR(p)，得模型参数(即逆函数)I_i(i=1，2，…，p)和模型阶次 p。

(2) 令 m=1 开始搜索。

(3) 令 $n+m=p$，则 $n=p-m$。解式(5-2-4)所示的线性方程组，得 b_i(j=1，2，…，m)。

(4) 检查|b_m|是否趋近于 0，若否，则令 $m=m+1$，返回步骤(3)循环；若是，则确定前一次循环的 b_j 为滑动平均参数，且 MA 部分的阶次 $m=m-1$，再令 $n=p-m$ 执行下一步。

(5) 解式(5-2-3)所示的线性方程组，得 a_i。

(6) 检查 a_i 后面的几个值是否趋近于 0，若是，则略去后面趋近于 0 的 a_i 值，保留剩下的 a_i 为自回归参数，确定 AR 部分的阶次 n 等于剩下的 a_i 值的个数；若否，则不必略去，即全部 a_i 为自回归参数。

5.2.3 长自回归模型法的特点

分析长自回归模型法，它具有两个显著的特点。第一，按式(5-2-5)、式(5-2-6)估计的 a_i、b_j 的过程都是解线性方程组，表明这种方法将 ARMA 模型参数估计的非线性回归问题转化为线性回归问题处理，计算简单，计算工作量小，便于在计算机上实现。第二，这种方法不但能够估计出模型参数 a_i、b_j，还能同时确定模型阶次 n、m，可以不用进行模型适用性检验，而一般的方法则不然。实质上，长自回归模型法是将模型适用性检验与参数估计同时结合起来，为稳妥起见，一般还是要进行模型适用性检验的。

5.3 陀螺仪随机漂移的时间序列建模

现代导航技术对陀螺仪精度的要求越来越高，因而对陀螺仪随机漂移的研究就显得越来越重要。本节从陀螺仪随机漂移的测取方法入手，对陀螺仪随机漂移进行深入分析，并讨论时间序列方法在建立陀螺仪随机漂移数学模型上的应用问题，对时间序列建模的实际使用作一介绍。

5.3.1 陀螺仪随机漂移概述

陀螺仪随机漂移是衡量陀螺仪精度的最重要的指标之一，它实际上是一个随机过程。根据随机过程的定义，陀螺仪随机漂移过程 $x(t)$可以被看成是由依赖于时间 t 的这一族随机变量所构成的总体，因而可以借助数理统计方法通过对大量漂移数据的统计分析，来寻求它的统计特性。

(1) 概率分布函数(概率密度函数)——提供随机过程中各种取值的概率特性，它可以给陀螺仪随机漂移以完整的描述。

(2) 均值函数和方差函数——提供随机过程中幅值方面的基本信息，是从幅域来描述陀螺仪随机漂移统计特性的。

(3) 自相关函数(自协方差函数)——反映随机过程中两个不同时刻之间的相关度，是从时域来描述陀螺仪随机漂移统计特性的。

(4) 自功率频谱密度函数——反映随机过程的功率按频率分布的密度，是从频域来描述陀螺仪随机漂移统计特性的。

以上是描述陀螺仪随机漂移过程的几个重要统计特征函数，其中：均值反映了随机过程在各个时刻取值的分布中心；方差反映了随机过程在各个时刻取值相对均值的离散程度；自相关函数反映了随机过程在两个不同时刻取值之间的相关程度；自功率频谱密度函数反映了随机过程的平均功率按频率分布的密度。

上述描述平稳随机过程统计特性的数学估计只对平稳随机过程才适用；如果是含有趋势项随机漂移数据序列，必须经过平稳化处理后才可应用上述数学估计式进行计算。

5.3.2　漂移数据的预处理

(1) 数据采集。陀螺仪实际输出的漂移信号是连续的，而采用时间序列分析方法建模的对象必须是离散的时间序列。为此，建模之初需要先以一定的采样率对该连续信号进行采样，得到其离散时间序列。图 5－3－1 为一段时间内所采集到的某陀螺仪的原始漂移观测信号。

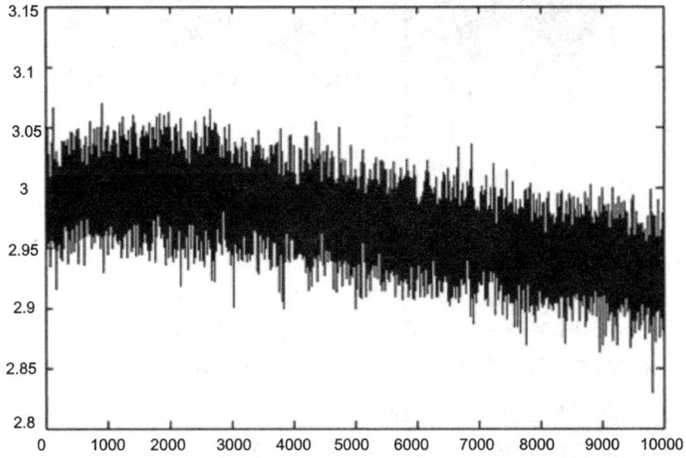

图 5－3－1　陀螺仪原始漂移数据

(2) 数据预处理。在为陀螺仪随机漂移信号建立时间序列模型之前，首先应保证该信号为零均值、平稳、正态时间序列。陀螺漂移的原始信号中包含常值分量和随机分量，可以通过求均值来提取常值分量，去掉均值(即常值分量)后的信号，通常即为该陀螺仪的随机漂移信号。有时该信号因各种环境及陀螺仪本身因素的干扰，还可能存在一定的趋势项，这可以通过对其作一阶或二阶差分处理，使其满足零均值和平稳性的要求。图 5－3－2 为与图 5－3－1 相对应的陀螺仪漂移信号，图 5－3－3 为去掉线性趋势项之后的陀螺仪的随机漂移信号。

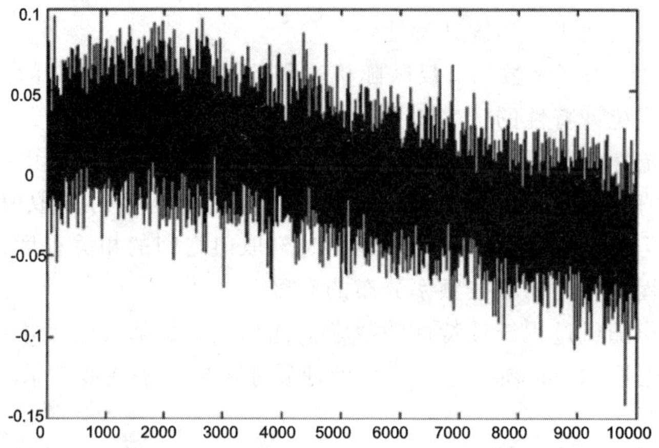

图 5-3-2 陀螺仪漂移数据

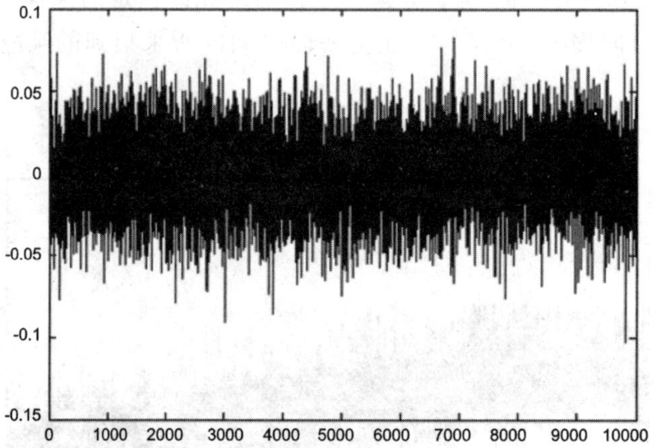

图 5-3-3 消除趋势项的陀螺仪漂移数据

(3) 数据检验。在建模之初，还应通过统计检验的方法，对经过预处理后的陀螺仪随机漂移信号的平稳性、正态性进行量化判断，以确定预处理后的数据确实符合时间序列的建模要求。具体过程此处不再叙述，可以参考相关的文献。

5.3.3 利用漂移数据建立合适模型

经数据检验可知，预处理后所得的陀螺仪随机漂移数据为平稳、正态、零均值的随机时间序列，可以采用时间序列分析方法对其建模，即构造一个数学模型，以逼近真实陀螺仪随机漂移数据的数学特性。

考虑到难以获得陀螺仪随机漂移误差的准确数学模型，本节采用试探方法建模，即首先采用时间序列分析方法，对陀螺仪随机漂移误差分别建立不同阶次的 AR 模型和ARMA 模型，然后依据模型残差越小误差模型准确性越高的原则，从中选取适合本节所研究陀螺仪的随机漂移误差模型。

设陀螺仪的随机漂移误差模型为自回归模型——滑动平均 ARMA(n, m)，其定义形式为

$$x(k)=\sum_{i=1}^{n}a_i x(k-i)+n(k)-\sum_{j=1}^{m}b_j n(k-j) \tag{5-3-1}$$

式中，n 为 AR 模型阶数，m 为 MA 模型阶数，$x(k)$为时间序列信号，$n(k)$是白噪声序列，a_i为自回归系数，b_j为滑动参数。当 $m=0$ 时，式(5-3-1)退化为 n 阶 AR 模型，即

$$x(k)=\sum_{i=1}^{n}a_i x(k-i)+n(k) \tag{5-3-2}$$

当 $n=0$ 时，式(5-3-1)退化为 m 阶 MA 模型，即

$$x(k)=-\sum_{j=1}^{m}b_j n(k-j) \tag{5-3-3}$$

对于不同系统产生的随机序列，可采用不同的模型来描述，这 3 种模型之间存在着差别。AR、MA、ARMA 模型之间的差别是在它们的自相关函数和偏相关函数上会反映出不同的特性。AR 模型具有自相关函数“拖尾”和偏相关函数“截尾”的性质；MA 模型具有自相关函数“截尾”和偏相关函数“拖尾”的性质；ARMA 具有自相关函数和偏相关函数都“拖尾”的性质。由于陀螺仪漂移模型的阶次都比较低，一般不超过 2 或 3 阶，因此可以在模型参数数目等于 3 的范围内，取 AIC 最小值所对应的模型。由于 ARMA 模型相当于一个线性系统，对于最小实现的线性系统，传递函数一般是有理分式，也就是说，对于实际系统，随机 ARMA 模型的自回归阶数大于或等于滑动平均阶数。应用时，误差模型通常在 AR(1)，AR(2)，AR(3)，ARMA (1，1)和 ARMA (2，1)中进行选择。

利用本章提到的建模与参数识别方法，以经过数据预处理的陀螺仪随机漂移信号作为模型的时间序列输入信号，确定出 AR(1)，AR(2)和 AR(3)模型的自回归系数，以及 ARMA (1，1)和 ARMA(2，1)模型的自回归滑动系数。

将所得到的系数分别代入相应的误差模型中，以经过数据预处理的陀螺仪随机漂移数据作为输入数据，分别得到用 5 种模型估计出的时间序列，并计算各模型对应的残差。根据模型残差值越小模型准确度越高的原则(即模型对信号的拟合效果越好)，从所建立的 5 种误差模型中选取残差最小的模型，作为该陀螺仪随机漂移误差的最终模型。表 5-3-1 是原始数据的时间序列和各误差模型输出的时间序列各自所对应的均值和方差。

表 5-3-1　各模型残差对比表

模型	AR(1)	AR(2)	AR(3)	ARMA(1，1)	ARMA(2，1)
均值	2.5331	2.5331	2.5331	2.5331	2.5331
方差	3.0280e-007	2.3580e-007	1.5618e-007	2.0445e-008	1.1528e-008

注：原始数据：均值为 2.5331，方差为 4.3453e-007。

从表中可以看出，ARMA(2，1)模型的残差值最小，因此，可以将其作为该陀螺仪的随机漂移误差模型，最终可以得到其数学表达式如下：

$$x(k)=1.034x(k-1)-0.035x(k-2)+n(k)-0.995n(k-1) \tag{5-3-4}$$

式中，$x(k)$为 ARMA(2，1)模型的输出，即估计模型的时间序列，$n(k)$是白噪声序列。

5.3.4 结论

以上所建立的数学模型只是一种较为典型的结构形式，反映了陀螺仪的一般情况。因为即使是同一种类型的陀螺仪，由于采用的结构、材料不同，所拟合的数学模型亦不尽相同。就是对同一只陀螺仪而言，拟合的数学模型也是随着数据采集的滤波时间常数和采样周期的不同而异的。

5.4 其它应用举例

5.4.1 基于系统脉冲响应信号的 ARMA 建模

基于系统的响应信号，直接对系统模态参数识别的时域法有很多：如传统系统辨识的 Prony 法、ITD 法等，以及通过时序建模的 ARMA 模型法。对于建立 ARMA(n, m)模型的时间序列，需采用平稳、正态、零均值的白噪声过程。而在实际中很难获得系统的理想白噪声输出，从而给工程实际应用带来了一定的影响。研究发现对任一 ARMA 模型来说，白噪声输入响应信号与脉冲输入响应信号的相关函数 $R(\tau)$之间有一定的联系（成比例），而且在计算 ARMA 模型的参数时，仅利用了响应信号相关函数 $R(\tau)$的有关信息，因此完全可以用脉冲响应信号的有关信息来替代白噪声输出，进行模型参数的计算，从而完整地建立系统的 ARMA 模型。

下面推导白噪声响应和脉冲响应的相关函数关系，系统激励分别记为白噪声 $e(n)$和脉冲信号 $\delta(n)$，记 $x(n)$为白噪声输出，$h(n)$为系统脉冲响应输出，相关函数分别记为 $R_x(\tau)$和 $R_h(\tau)$。

由 ARMA 模型的 Wold 分解定理可知，如果 ARMA 过程 $x(n)$具有唯一平稳解

$$x(n) = \sum_{i=0}^{\infty} h(i)e(n-i) \tag{5-4-1}$$

则其相关函数为

$$\begin{aligned} R_x(\tau) &= E\{x(n)x(n+\tau)\} \\ &= E\left\{\left[\sum_{i=0}^{\infty} h(i)e(n-i)\right]\left[\sum_{k=0}^{\infty} h(k)e(n+\tau-k)\right]\right\} \\ &= \sum_{i=0}^{\infty}\sum_{k=0}^{\infty} h(i)h(k)E\{e(n-i)e(n+\tau-k)\} \end{aligned} \tag{5-4-2}$$

由于 $e(n)$是白噪声，故

$$E\{e(n-i)e(n+\tau-k)\} = \begin{cases} \sigma^2, & k=\tau+i \\ 0, & 其他 \end{cases} \tag{5-4-3}$$

将此结果代入式(5-4-2)中，即可得到

$$R_x(\tau) = \sigma^2 \sum_{i=0}^{\infty} h(i)h(i+\tau) \tag{5-4-4}$$

由于实际脉冲响应信号长度总是有限的，设为 N，故可以得到脉冲响应信号的相关函数表达式为

$$R_h(\tau) \approx \frac{1}{N}\sum_{i=0}^{N-\tau-1} h(i)h(i+\tau) \tag{5-4-5}$$

故式(5-4-4)可以表示为

$$R_x(\tau) = \sigma^2\sum_{i=0}^{\infty} h(i)h(i+\tau) = \sigma^2\sum_{i=0}^{N-\tau-1} h(i)h(i+\tau) = N\sigma^2 R_h(\tau) \tag{5-4-6}$$

从上式可以发现相关函数 $R_x(\tau)$和 $R_h(\tau)$之间成正比关系，通过后面的分析可以发现，正是由于这一关系给参数的估计带来了便利，从而避免了求取系统的白噪声输出，直接使用脉冲响应输出即可。

现给出一因果、稳定的 ARMA(30, 29)模型，其数学模型为

$$y(k) = \sum_{i=1}^{30} a_i y(k-i) + w(k) - \sum_{j=1}^{29} b_j w(k-j) \tag{5-4-7}$$

其中，$y(k)$为系统输出信号，$w(k)$为白噪声输入信号。

模型参数如下：

AR 部分：

a_i = [2.95, 4.19, −4.25, 4.31, −4.69, 4.24, −2.18, 0.14, 0.72, −1.48, 2.96, −3.97, 3.62, −2.81, 2.37, −1.79, 0.54, 0.88, −1.73, 2.26, −2.78, 2.82, −2.30, 1.64, −1.10, 0.67, −0.26, −0.05, 0.10, −0.05;],　$i = 1, 2, \cdots, 30$

MA 部分：

b_j = [−0.88, 0.07, 0.06, 0.10, −0.21, 0.12, 0.09, −0.08, −0.08, −0.01, 0.04, 0, 0.02, −0.02, −0.06, −0.01, 0.08, 0.01, −0.11, 0.06, 0.07, −0.06, 0, 0.02, −0.07, −0.07, 0.04, 0.004, −0.02;],　$j = 1, 2, \cdots, 29$

采用上述算法进行参数估计，首先通过参数给出系统的脉冲响应特性曲线，如图 5-4-1 所示。

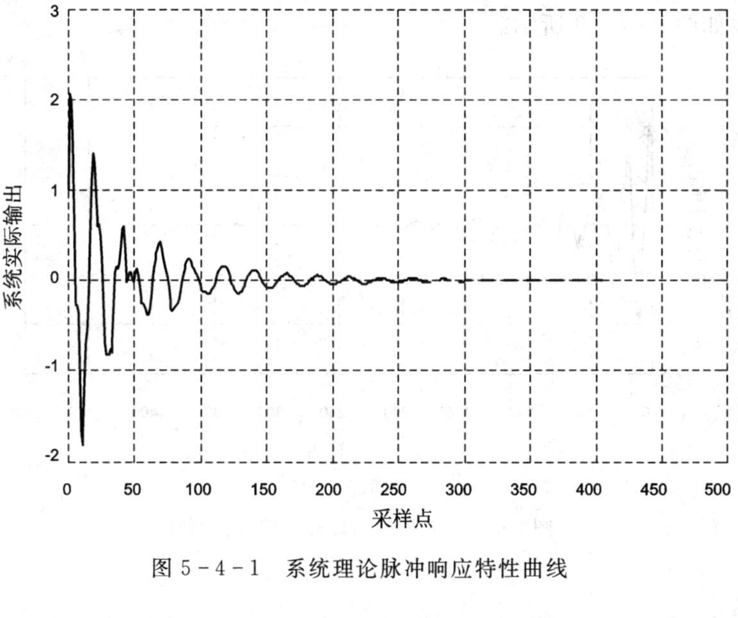

图 5-4-1　系统理论脉冲响应特性曲线

对脉冲响应信号进行 50 次递推仿真，得出相似系数与 n 的关系曲线，如图 5-4-2 所示。

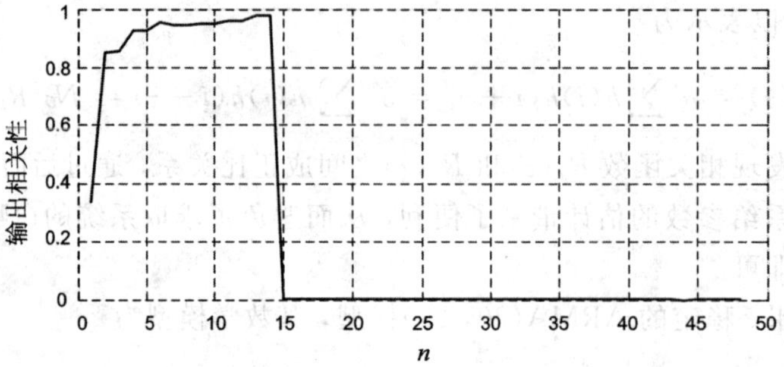

图 5-4-2 相似系数曲线

从图 5-4-2 中可以发现大约 $n=13$ 时，相似系数达到了最大值，几乎接近于 1，因此可以建立 ARMA(26, 25)模型(阶次比较合适)来描述原始系统，求解各部分参数：

AR 部分：

$$\hat{a}_i = [-3.17, 4.74, -4.69, 4.03, -3.69, 3.25, -1.77, 0.12, 0.65, -1.19, 2.39, -3.39, 3.26, -2.42, 1.80, -1.34, 0.59, 0.41, -1.10, 1.52, -1.84, 1.77, -1.25, 0.63, -0.17, 0.001], \quad i = 1, 2, \cdots, 26$$

MA 部分：

$$\hat{b}_j = [-0.96, 0.31, -0.20, 0.02, 0.24, -0.17, 0.25, -0.19, -0.03, 0.11, -0.08, 0.16, -0.09, -0.03, -0.03, 0.03, 0.08, -0.04, -0.05, 0.07, -0.06, 0.09, -0.06, 0.01, -0.09], \quad j = 1, 2, \cdots, 25$$

通过估计参数来估计 ARMA(26, 25)模型，然后再次计算估计模型的脉冲响应特性，得到估计曲线如图 5-4-3 所示。

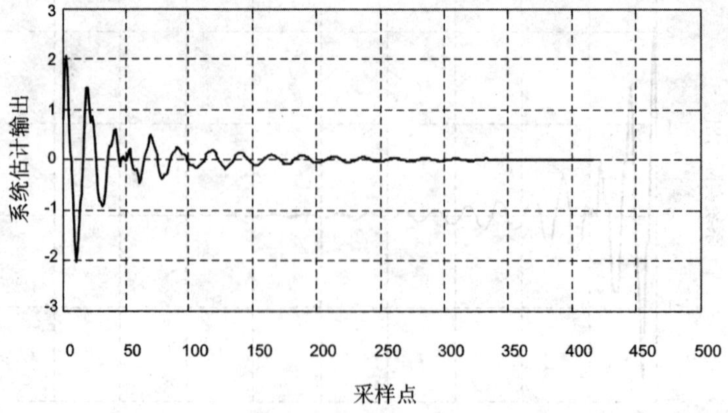

图 5-4-3 系统估计脉冲响应曲线图

通过比较系统理论和估计的脉冲响应特性曲线可以发现，估计系统特性不仅在总体上与真实系统很接近，而且在某些局部特性(采样点 50 左右)也能够较完整地复现真实系统的特性。众所周知，一个系统的脉冲响应特性决定了系统的本质特性，也就是说两个系统如果具有相同的脉冲响应特性，那么可以说两系统是等效的。因此，仿真试验表明这里论述的建模方法能够准确地对真实系统进行建模，效果较好，达到了脉冲响应特性的完整复现。

5.4.2　飞行器结构件建模试验

ARMA 建模方法为飞行器结构件建模提供了一条解决途径。为了检验方法的可行性，选用实际结构件响应信号进行建模研究。

1. 脉冲响应信号的提取

进行结构辨识的基础就是获取准确的系统脉冲响应数据，为此对响应信号进行分析，选取具有典型脉冲响应过程的信号作为试验数据。对包含典型的脉冲响应过程的数据，通过消噪、选段处理后，得到试验响应数据。图 5-4-4(a)所示为某飞行器结构件较典型的脉冲响应曲线。

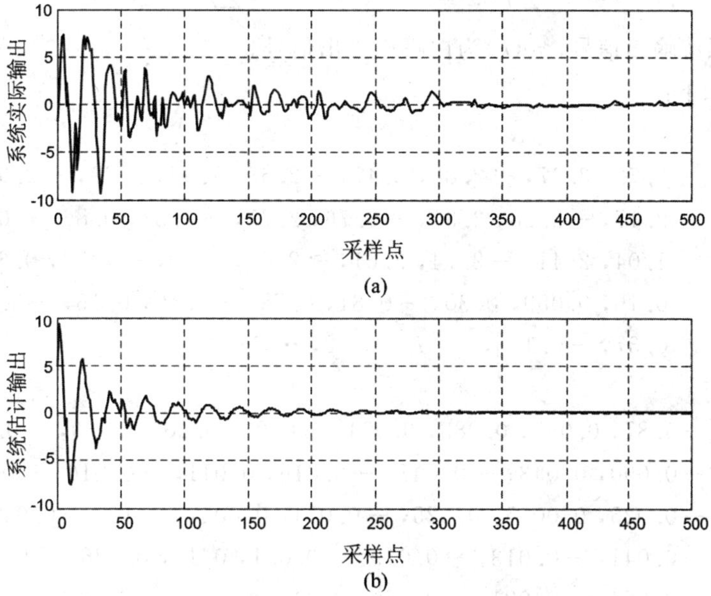

图 5-4-4　脉冲响应曲线

2. 模型辨识

采用 ARMA$(2n, 2n-1)$的建模方案。通过 50 次模型拟合，辨识出了 50 种阶次逐步增加的 ARMA 模型，得到相似系数与 n 的关系曲线图，如图 5-4-5 所示。

从图 5-4-5 中可以发现，在 $n=17$ 时，相似系数达到了最大值，接近 0.55，可以认为此时的系统在所模拟的 50 个系统中是最为接近实际的(虽然相似性系数并不是很理想)。由此可以近似确定系统的较佳 ARMA 模型为：ARMA(34，33)，曲线特性如图 5-4-4(b)所示。

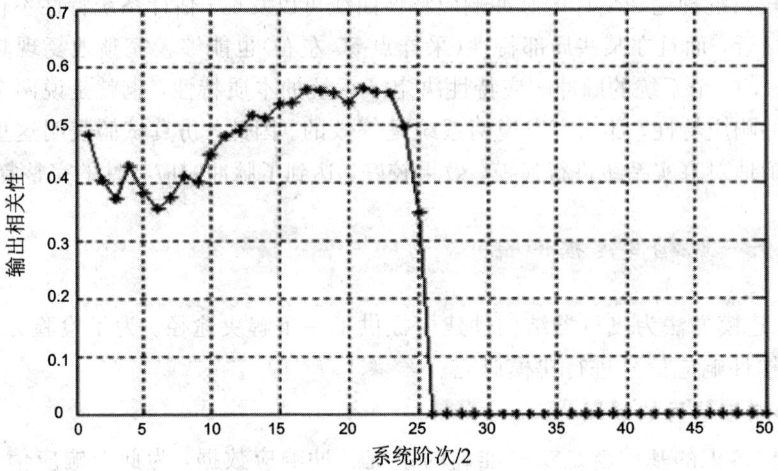

图 5-4-5 相似系数与 n 的关系曲线

通过建模分析辨识出仪器舱 ARMA 模型为

$$y(k) = \sum_{i=1}^{34} a_i y(k-i) + w(k) - \sum_{j=1}^{33} b_j w(k-j) \tag{5-4-8}$$

其中，$y(k)$为系统输出信号，$w(k)$为白噪声输出信号。

模型系数如下：

AR 部分：

$$a_i = [-2.72, 3.37, -2.80, 2.47, -2.63, 1.93, 0.29, -2.02, 2.17, -2.28, 3.31, -3.76, 2.71, -1.37, 0.86, -0.35, -1.04, 2.41, -2.74, 2.61, -2.80, 2.69, -1.82, 0.69, -0.16, 0.059, 0.30, -0.81, 0.78, -0.40, 0.15, -0.30, 0.37, -0.17], \quad i = 1, 2, \cdots, 34$$

MA 部分：

$$b_j = [-0.87, 0.065, 0.083, 0.094, -0.22, 0.20, 0.060, -0.066, -0.090, 0.043, -0.047, -0.016, 0.011, -0.016, -0.044, -0.025, 0.0055, 0.025, -0.074, 0.0047, 0.10, -0.047, -0.041, -0.013, -0.019, -0.091, 0.10, 0.026, -0.076, 0.054, -0.021, -0.080, 0.049], \quad j = 1, 2, \cdots, 33$$

从图 5-4-4(b)可以看出，在整个过程，估计值与实际值较为接近，进而我们可以借助 ARMA 模型来建立飞行器结构件的数学模型，其表达式如下：

$$\begin{aligned} & x(n) - 2.72x(n-1) + \cdots - 0.17x(n-34) \\ & = e(n) - 0.87e(n-1) + \cdots + 0.05e(n-33) \end{aligned}$$

5.4.3 结论

通过本章 5.3、5.4 小节的介绍，我们对时间序列建模的方法和流程有了一个较清晰的概念，在本章结束之际对此建模步骤作一简单总结如下：

首先是模型的定阶问题。实际使用中我们对模型的结构是不可能预先知道的，当没有模型结构的先验知识时就需要我们采用相应的方法估计出模型的结构，这是建模的前提。

其次就是模型的参数估计问题。定出系统模型结构之后就涉及参数的估计问题，不同的估计方法得出的模型的准确性也不一样，关于所建模型的准确性或是适用性问题就涉及最后的模型的检验。

最后是模型的适用性检验。所有建立的模型在实际应用之前都需要对它的适用性进行检验。另外，对多个估计模型，也需要对其进行模型验证，从而得出最好的模型。

关于步骤中涉及的定阶算法、参数估计方法和模型检验方法本书就不再详细介绍了，使用时可以参考相关文献资料根据需要选用。

第6章 非平稳数据建模方法

6.1 概 述

非平稳信号的建模方法研究起始于20世纪80年代。Y. Grenier将一些熟知的时不变参数模型法如AR模型法、ARMA模型法及Prony法等扩展为时变参数模型情况，再将模型中的时变参数用一些基函数的加权和来近似，从而可将线性非平稳时变问题转化成为线性平稳时不变问题。其后，研究者们将非平稳信号参数模型处理的重点移向时变参数的辨识方法上，纷纷将各自领域的参数辨识方法如迭代学习控制、Kalman滤波方法等用于时变参数的辨识，并取得了许多成果。

对任意非平稳信号的非参数模型处理基于这样一种假设：认为观测时间以外的数据全部为零。事实上，这样的假设就相当于把观测信号看做是对原始信号加窗的结果，加窗就不可避免地会引入吉布斯效应。另一方面，这样的假设本身也不符合客观事实。所以导致信号处理的结果与实际结果的差距随观测数据长短、处理的问题不同而或大或小。参数模型方法在其建模阶段就根据相关理论，对观测时间之外的数据进行了外推，这种做法比非参数处理方法更符合客观事实。但由于非平稳信号的模型系数是随时间变化的，所以其求解要远比平稳信号的辨识复杂。

对于非平稳信号模型系数的求解，目前有两种趋势：一种是改进平稳信号模型求解算法，将其用于非平稳信号处理，或简化非平稳信号模型进而利用平稳信号模型求解，如时间基方法、分段建模方法等；一种是使用各种学习方法对非平稳信号的模型系数进行在线或离线学习，如自适应滤波算法、卡尔曼滤波方法等。

6.2 非平稳AR模型

6.2.1 基于时间基函数的一阶矩外推法

时间基函数方法不受各种信号的非平稳特征的约束，且能够克服分段平稳建模方法和传统递推学习方法的局限性。理论上，只要选择合适的基函数类型和长度就可以实现对任意平稳过程的建模。基于时间基函数的一阶矩的方法利用非平稳过程的观测序列直接进行建模，通过对观测区间内数据建立准确的时变AR模型，在没有跳变点的情况下，依据该模型可实现对观测域之外的相邻时间点信号的准确外推。

假设某一非平稳过程的一次样本实现为 $x(T)$，$x(2T)$，$x(3T)$，…，$x(NT)$，则其 AR 模型的一般表达方程为

$$x(t) = \sum_{k=1}^{p} a_k(t)x(t-kT) + w(t) \tag{6-2-1}$$

其中，T 为采样周期，$a_k(t)$为时变参数，$w(t)$为加性白噪声。

如果将时变参数 $a_k(t)$看做一系列基函数的加权和，则可将上述时变参数模型转换为常参数模型：

$$x(t) = \sum_{k=1}^{p} a_{k,1}g_1(t)x(t-kT) + a_{k,2}g_2(t)x(t-kT) + \cdots + a_{k,m}g_m(t)x(t-kT) + w(t) \tag{6-2-2}$$

其中，$m=\max(m_1, \cdots, m_p)$。

经过上述变换，则 $x(t)$为时间序列 $g_1(t)x(t-T)$，$g_2(t)x(t-T)$，…，$g_m(t)x(t-T)$，…，$g_1(t)x(t-kT)$，$g_2(t)x(t-kT)$，…，$g_m(t)x(t-T)$的多元回归函数。

同样地，对于 p 阶 AR 模型，可将$(p+1)T$ 采样时刻后的观测数据 $x((p+1)T)$，$x((p+2)T)$，…，$x(NT)$依次表述为其前 p 个观测数据的多元回归函数：

$$\begin{cases} x(2T) = a_{1,1}g_1(2T)x(T) + a_{1,2}g_2(2T)x(T) + \cdots + a_{1,m}g_m(2T)x(T) \\ \qquad \vdots \\ x(pT) = \sum_{k=1}^{p-1} a_{k,1}g_1(pT)x((p-k)T) + a_{k,2}g_2(pT)x((p-k)T) + \cdots \\ \qquad + a_{k,m}g_m(pT)x((p-k)T) \\ x((p+1)T) = \sum_{k=1}^{p} a_{k,1}g_1((p+1)T)x((p+1-k)T) \\ \qquad + a_{k,2}g_2((p+1)T)x((p+1-k)T) + \cdots \\ \qquad + a_{k,m}g_m((p+1)T)x((p+1-k)T) \\ \qquad \vdots \\ x(NT) = \sum_{k=1}^{p} a_{k,1}g_1(NT)x((N-k)T) + a_{k,2}g_2(NT)x((N-k)T) + \cdots \\ \qquad + a_{k,m}g_m(NT)x((N-k)T) \end{cases} \tag{6-2-3}$$

上述线性方程组可转换为如下的矩阵方程：

$$\boldsymbol{\Phi a} = \boldsymbol{x} \tag{6-2-4}$$

其中，$\boldsymbol{\Phi}$ 为$(N-1)\times(m+1)p$ 矩阵，即

$$\boldsymbol{\Phi} = \begin{bmatrix} g_1(2T)x(T) & \cdots & g_m(2T)x(T) & \cdots & 0 & \cdots & 0 \\ \vdots & & \vdots & & \vdots & & \vdots \\ g_1(pT)x((p-1)T) & \cdots & g_m(pT)x((p-1)T) & \cdots & 0 & \cdots & 0 \\ g_1((p+1)T)x(pT) & \cdots & g_m((p+1)T)x(pT) & \cdots & g_1((p+1)T)x(T) & \cdots & g_m((p+1)T)x(T) \\ g_1((p+2)T)x((p+1)T) & \cdots & g_m((p+2)T)x((p+1)T) & \cdots & g_1((p+2)T)x(2T) & \cdots & g_m((p+2)T)x(2T) \\ \vdots & & \vdots & & \vdots & & \vdots \\ g_1(NT)x((N-1)T) & \cdots & g_m(NT)x((N-1)T) & \cdots & g_1(NT)x((N-p)T) & \cdots & g_m(NT)x((N-p)T) \end{bmatrix}$$

$\boldsymbol{\alpha}$ 为$(m+1)p$ 维列向量，即

$$\boldsymbol{\alpha}=[a_{1,1},\ a_{1,2},\ \cdots,\ a_{1,m},\ a_{p,1},\ a_{p,2},\ \cdots,\ a_{p,m}]^{\mathrm{T}}$$

$\boldsymbol{x}$ 为 $N-1$ 维列向量，即

$$\boldsymbol{x}=[x(2T),\ x(3T),\ \cdots,\ x(NT)]$$

工程实践中，存在 $N-1>(m+1)p$，因而上述方程为超定方程。其一般最小二乘解为

$$\boldsymbol{\alpha}=(\boldsymbol{\Phi}^{\mathrm{H}}\boldsymbol{\Phi})^{-1}\boldsymbol{\Phi}^{\mathrm{H}}\boldsymbol{x} \tag{6-2-5}$$

此时，其总体预测误差功率为

$$\rho_{\min}=\sum_{k=2}^{N}(x(k)-\hat{x}(k))^2=\sum_{k=2}^{N}(\boldsymbol{x}(k)-\boldsymbol{\Phi}(k-1,:)\boldsymbol{\alpha})^2 \tag{6-2-6}$$

在上述回归方程的推导过程中，由于采用有限项多项式的加权和来近似 AR 模型的时变系数，不可避免地会引入随机误差至方程中的数据矩阵 $\boldsymbol{\Phi}$ 中，因此，上述回归方程的最小二乘解并不是其最优解。解决此问题的办法是采用总体最小二乘解。

总体最小二乘的基本思想可以归纳为：不仅用扰动向量 $\boldsymbol{e}$ 去干扰数据向量 $\boldsymbol{x}$，而且用扰动矩阵 $\boldsymbol{E}$ 同时干扰数据矩阵 $\boldsymbol{\Phi}$，以便校正在 $\boldsymbol{\Phi}$ 和 $\boldsymbol{x}$ 二者内存在的扰动。即在总体最小二乘中，上述回归方程可写为

$$(\boldsymbol{\Phi}+\boldsymbol{E})\boldsymbol{\alpha}=\boldsymbol{x}+\boldsymbol{e} \tag{6-2-7}$$

上式等价于如下的两个方程：

$$([-\boldsymbol{x},\ \boldsymbol{\Phi}]+[-\boldsymbol{e},\ \boldsymbol{E}])\begin{bmatrix}1\\ \boldsymbol{\alpha}\end{bmatrix}=0 \tag{6-2-8}$$

和

$$(\boldsymbol{B}+\boldsymbol{D})\boldsymbol{z}=0 \tag{6-2-9}$$

其中，$\boldsymbol{B}=[-\boldsymbol{x},\ \boldsymbol{\Phi}]$，$\boldsymbol{D}=[-\boldsymbol{e},\ \boldsymbol{E}]$，$\boldsymbol{z}=\begin{bmatrix}1\\ \boldsymbol{\alpha}\end{bmatrix}$。

通过为上述方程施加如下约束条件：

$$\begin{cases}\min\|\boldsymbol{B}\boldsymbol{z}\|_2^2=\min\|-\boldsymbol{D}\boldsymbol{z}\|_2^2\\ \boldsymbol{z}^{\mathrm{H}}\boldsymbol{z}=1\end{cases} \tag{6-2-10}$$

由方程(6-2-10)可推得

$$\boldsymbol{B}^{\mathrm{H}}\boldsymbol{B}\boldsymbol{z}=\lambda\boldsymbol{z} \tag{6-2-11}$$

假设增广矩阵 $\boldsymbol{B}$ 的奇异值分解为

$$\boldsymbol{B}=\boldsymbol{U}\sum\boldsymbol{V}^{\mathrm{H}} \tag{6-2-12}$$

且其奇异值按降序排列为 $\sigma_1\geqslant\sigma_2\geqslant\cdots\geqslant\sigma_{(m+1)p+1}$，对应的向量为 v_1，v_2，…，$v_{(m+1)p+1}$。则 $\boldsymbol{z}$ 的总体最小二乘解为 $v_{(m+1)p+1}$。

此时，原方程的总体最小二乘解为

$$\boldsymbol{\alpha}_{\mathrm{TLS}}=\frac{1}{v(1,\ (m+1)p+1)}\begin{bmatrix}v(2,\ (m+1)p+1)\\ \vdots\\ v((m+1)p+1,\ (m+1)p+1)\end{bmatrix} \tag{6-2-13}$$

其中，$v(i,\ (m+1)p+1)$为$(m+1)p+1$ 列的第 i 个元素。

此时，其总体预测误差功率为

$$\rho_{\min} = \sum_{k=2}^{N}(\boldsymbol{x}(k) - \hat{\boldsymbol{x}}(k))^2 = \sum_{k=2}^{N}(\boldsymbol{x}(k) - \boldsymbol{\Phi}(k-1, :)\boldsymbol{\alpha})^2 \tag{6-2-14}$$

6.2.2 基于时间基函数的二阶矩外推法——Y-W 方法

从某种程度上讲，基于时间基函数的一阶矩的方法可有效地辨识时变 AR 模型中的趋势项，然而，对于某一非平稳过程的一次实现，观测数据中应当包含着更多的信息——相关性，基于时间基函数的二阶矩的方法由于利用了观测数据中更多的隐含信息，所以可以获得更准确的模型。

对于如下时变参数 AR 模型

$$x_t + a_1(t-1)x_{t-1} + \cdots + a_p(t-p)x_{t-p} = w_t \tag{6-2-15}$$

令

$$\begin{cases} a_i(t) = \sum_{j=0}^{m} a_{ij} f_j(t) \\ \boldsymbol{X}_t = [f_0(t)x_t, \cdots, f_m(t)x_t]^{\mathrm{T}} \\ \boldsymbol{\theta} = [a_{10}, \cdots, a_{1m}, a_{20}, \cdots, a_{2m}, \cdots, a_{p0}, \cdots, a_{pm}]^{\mathrm{T}} \end{cases}$$

则方程(6-2-15)可表示为

$$x_t + [\boldsymbol{X}_{t-1}^{\mathrm{T}}, \cdots, \boldsymbol{X}_{t-p}^{\mathrm{T}}]\boldsymbol{\theta} = w_t \tag{6-2-16}$$

对上述方程，w_t可看做预测误差，即

$$w_t = x_t - \hat{x}_t \tag{6-2-17}$$

式中 $\hat{x}_t = E[x_t \mid x_{t-1}, \cdots, x_{t-p}]$是利用已知的过去值对 x_t的预测，即

$$\hat{x}_t = -[\boldsymbol{X}_{t-1}^{\mathrm{T}}, \cdots, \boldsymbol{X}_{t-p}^{\mathrm{T}}]\boldsymbol{\theta} \tag{6-2-18}$$

为了求解 $\boldsymbol{\theta}$，采用误差 w_t的方差为最小的优化准则，为此，令 w_t方差对未知矢量 $\boldsymbol{\theta}$ 的梯度为零，有

$$E[(\mathrm{grad}_{\boldsymbol{\theta}} w_t)w_t] = 0 \tag{6-2-19}$$

且 $\mathrm{grad}_{\boldsymbol{\theta}} w_t = [\boldsymbol{X}_{t-1}^{\mathrm{T}}, \cdots, \boldsymbol{X}_{t-p}^{\mathrm{T}}]^{\mathrm{T}}$，这样可求得最佳矢量 $\boldsymbol{\theta}$，它为下列尤利—沃克(Yule-Walker)方程的解：

$$E\left[\begin{bmatrix}\boldsymbol{X}_{t-1} \\ \vdots \\ \boldsymbol{X}_{t-p}\end{bmatrix}[\boldsymbol{X}_{t-1}^{\mathrm{T}}, \cdots, \boldsymbol{X}_{t-p}^{\mathrm{T}}]\right]\boldsymbol{\theta} = -E\left[\begin{bmatrix}\boldsymbol{X}_{t-1} \\ \vdots \\ \boldsymbol{X}_{t-p}\end{bmatrix}x_t\right] \tag{6-2-20}$$

上式是通过对 w_t的方差最小化导出的，而 w_t是平稳的白噪声。这样，上式中的数学期望可由随机平稳遍历性取时间平均量来估计。于是，由上式可得

$$\boldsymbol{A\theta} = \boldsymbol{\alpha} \tag{6-2-21}$$

其中

$$\boldsymbol{A} = \sum_{t=1}^{N}\left[\begin{bmatrix}\boldsymbol{X}_{t-1} \\ \vdots \\ \boldsymbol{X}_{t-p}\end{bmatrix}[\boldsymbol{X}_{t-1}^{\mathrm{T}}, \cdots, \boldsymbol{X}_{t-p}^{\mathrm{T}}]\right]$$

$$E\left[\begin{bmatrix}\boldsymbol{X}_{t-1}\\ \vdots \\ \boldsymbol{X}_{t-p}\end{bmatrix}\left[\boldsymbol{X}_{t-1}^{\mathrm{T}},\ \cdots,\ \boldsymbol{X}_{t-p}^{\mathrm{T}}\right]\right]\boldsymbol{\theta}=-E\left[\begin{bmatrix}\boldsymbol{X}_{t-1}\\ \vdots \\ \boldsymbol{X}_{t-p}\end{bmatrix}x_t\right]$$

$$\boldsymbol{\alpha}=-\sum_{t=1}^{N}\begin{bmatrix}\boldsymbol{X}_{t-1}\\ \vdots \\ \boldsymbol{X}_{t-p}\end{bmatrix}x_t$$

则可求得 $\boldsymbol{\theta}$：

$$\boldsymbol{\theta}=\boldsymbol{A}^{-1}\boldsymbol{\alpha} \tag{6-2-22}$$

6.2.3 基于 RBF 神经网络的 AR 模型系数学习算法

目前，TVAR 模型系数辨识算法主要有自适应滤波方法、卡尔曼滤波方法等。总的说来，这些算法本质上并未建立 AR 模型系数随时间变化的模型，所以往往导致其外推性差，这样也就失去了参数模型处理方法的优点。换句话说，这些方法是基于某时刻的观测值为已知的条件之上的，预测性差。为解决上述方法存在的问题，将径向基函数神经网络(RBFNN)引入 TVAR 的系数学习过程。

在时变 AR 模型中，模型系数 a_1，a_2，…，a_p是时变的，且是时间 t 的函数。利用 RBF 神经网络对任意函数的无限逼近能力，完全可以对模型系数进行逐步迭代，进而在给定的精度内确定模型系数。

其模型结构如图 6-2-1 所示。

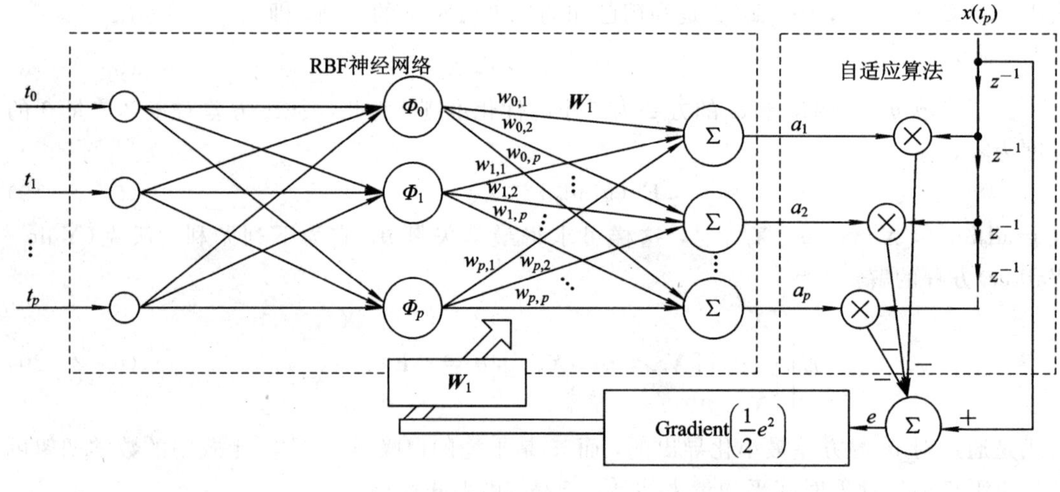

图 6-2-1　RBF 神经网络和自适应算法模型

在时变 AR 模型中，a_1，a_2，…，a_p分别可以看做自变量 t 的函数 $f_1(t)$，$f_2(t)$，…，$f_p(t)$，所以完全可以将 t 作为 RBF 神经网络的输入样本，对各时刻 a_1，a_2，…，a_p的值进行迭代训练。

设在某一时刻输入样本向量为 $t=[t_1,\ t_2,\ \cdots,\ t_p]$，各隐含层 i 的中心和宽度分别为 c_i 和 b_i，则依据 RBF 神经网络公式有：

$$a_1=\begin{bmatrix}w_{0,1} & w_{1,1} & \cdots & w_{p,1}\end{bmatrix}\begin{bmatrix}\boldsymbol{\Phi}_0\left(\left\|\dfrac{\boldsymbol{t}-t_{c,0}}{\sigma_{c,0}}\right\|\right)\\ \boldsymbol{\Phi}_1\left(\left\|\dfrac{\boldsymbol{t}-t_{c,1}}{\sigma_{c,1}}\right\|\right)\\ \vdots \\ \boldsymbol{\Phi}_p\left(\left\|\dfrac{\boldsymbol{t}-t_{c,p}}{\sigma_{c,p}}\right\|\right)\end{bmatrix}$$

$$a_2=\begin{bmatrix}w_{0,2} & w_{1,2} & \cdots & w_{p,2}\end{bmatrix}\begin{bmatrix}\boldsymbol{\Phi}_0\left(\left\|\dfrac{\boldsymbol{t}-t_{c,0}}{\sigma_{c,0}}\right\|\right)\\ \boldsymbol{\Phi}_1\left(\left\|\dfrac{\boldsymbol{t}-t_{c,1}}{\sigma_{c,1}}\right\|\right)\\ \vdots \\ \boldsymbol{\Phi}_p\left(\left\|\dfrac{\boldsymbol{t}-t_{c,p}}{\sigma_{c,p}}\right\|\right)\end{bmatrix} \tag{6-2-23}$$

$$\vdots$$

$$a_p=\begin{bmatrix}w_{0,p} & w_{1,p} & \cdots & w_{p,p}\end{bmatrix}\begin{bmatrix}\boldsymbol{\Phi}_0\left(\left\|\dfrac{\boldsymbol{t}-t_{c,0}}{\sigma_{c,0}}\right\|\right)\\ \boldsymbol{\Phi}_1\left(\left\|\dfrac{\boldsymbol{t}-t_{c,1}}{\sigma_{c,1}}\right\|\right)\\ \vdots \\ \boldsymbol{\Phi}_p\left(\left\|\dfrac{\boldsymbol{t}-t_{c,p}}{\sigma_{c,p}}\right\|\right)\end{bmatrix}$$

其中，$\boldsymbol{t}$ 为由 t_1，t_2，…，t_p 构成的观测矢量。上述一组方程可写作如下的矩阵方程：

$$\begin{bmatrix}a_1\\ a_2\\ \vdots\\ a_p\end{bmatrix}=\begin{bmatrix}w_{0,1} & w_{1,1} & \cdots & w_{p,1}\\ w_{0,2} & w_{1,2} & \cdots & w_{p,2}\\ \vdots & \vdots & & \vdots\\ w_{0,p} & w_{1,p} & \cdots & w_{p,p}\end{bmatrix}\begin{bmatrix}\boldsymbol{\Phi}_0\left(\left\|\dfrac{\boldsymbol{t}-t_{c,0}}{\sigma_{c,0}}\right\|\right)\\ \boldsymbol{\Phi}_1\left(\left\|\dfrac{\boldsymbol{t}-t_{c,1}}{\sigma_{c,1}}\right\|\right)\\ \vdots \\ \boldsymbol{\Phi}_p\left(\left\|\dfrac{\boldsymbol{t}-t_{c,p}}{\sigma_{c,p}}\right\|\right)\end{bmatrix} \tag{6-2-24}$$

令 $\boldsymbol{a}=\begin{bmatrix}a_1\\ a_2\\ \vdots\\ a_p\end{bmatrix}$，$\boldsymbol{W}_1=\begin{bmatrix}w_{0,1} & w_{1,1} & \cdots & w_{p,1}\\ w_{0,2} & w_{1,2} & \cdots & w_{p,2}\\ \vdots & \vdots & & \vdots\\ w_{0,p} & w_{1,p} & \cdots & w_{p,p}\end{bmatrix}$ 和 $\boldsymbol{\Phi}_1=\begin{bmatrix}\boldsymbol{\Phi}_0\left(\left\|\dfrac{\boldsymbol{t}-t_{c,0}}{\sigma_{c,0}}\right\|\right)\\ \boldsymbol{\Phi}_1\left(\left\|\dfrac{\boldsymbol{t}-t_{c,1}}{\sigma_{c,1}}\right\|\right)\\ \vdots \\ \boldsymbol{\Phi}_p\left(\left\|\dfrac{\boldsymbol{t}-t_{c,p}}{\sigma_{c,p}}\right\|\right)\end{bmatrix}$，则式(6－2－24)

等价于：

$$\boldsymbol{a} = \boldsymbol{W}_1 \boldsymbol{\Phi}_1 \tag{6-2-25}$$

由 t 时刻以前 p 个观测数据构成的向量为 $\boldsymbol{x}' = [x(t-T), \cdots, x(t-pT)]$，则经过一次迭代后的 $\boldsymbol{x}(t)$ 的估计值 $\hat{\boldsymbol{x}}(t)$ 为

$$\hat{\boldsymbol{x}}(t) = \boldsymbol{x}' \cdot \boldsymbol{a} \tag{6-2-26}$$

取性能指标函数为

$$E = \frac{1}{2}[\boldsymbol{x}(t) - \hat{\boldsymbol{x}}(t)]^2 \tag{6-2-27}$$

其中 E 为权值矩阵的高维曲面。

对于上述模型系数的训练，有两种方法：固定 t_c、σ_i，调节权值 $\boldsymbol{W}_1$；固定 $\boldsymbol{W}_1$，调节 c_i、σ_i。由于在后一种方法中，输出为 t_c、σ_i 的非线性函数，因此有可能陷入局部最优，且训练时间长，所以采用前一种方法可以有效地避免这一问题。

设对某一时刻 t 的观测数据 $x(t)$ 的自回归参数进行辨识。RBF 神经网络和自适应滤波相结合实现 AR 模型参数的辨识的步骤如下：

(1) 初始化。

① 中心的确定。由于该网络中隐含层节点数和训练数据的数目相等，所以每一个训练数据就充当这一隐节点的中心，即隐含层的中心为输入数据的向量。

② 宽度的确定。$\sigma_j = \langle \| \eta_i - \eta_j \| \rangle$，即取第 j 个中心与它最近邻的第 i 类的欧氏距离。

③ 随机生成初始权矩阵 $\boldsymbol{W}_1$。

(2) 计算与判别。依次计算式(6-2-25)、式(6-2-26)和式(6-2-27)。如果 $\hat{\boldsymbol{x}}(t)$ 与 $\boldsymbol{x}(t)$ 的相对误差小于某一任意小的 $e_{\min}$，则转入下一时刻 $t+T$ 的参数学习过程，否则转入步骤(3)。

(3) 权值矩阵更新。采用梯度下降法进行权值更新：

$$\begin{aligned}
\boldsymbol{W}_1(n+1) &= \boldsymbol{W}_1(n) + \eta_1 \frac{\partial \boldsymbol{E}}{\partial \boldsymbol{W}_1} \\
&= \boldsymbol{W}_1(n) - \eta_1 \frac{\partial \boldsymbol{E}}{\partial \hat{x}(t)} \cdot \frac{\partial \hat{\boldsymbol{x}}(t)}{\partial \boldsymbol{W}_1} \\
&= \boldsymbol{W}_1(n) - \eta_1 [\boldsymbol{x}(t) - \hat{\boldsymbol{x}}(t)] \frac{\partial (\boldsymbol{x}' \boldsymbol{W}_1 \boldsymbol{\Phi}_1)}{\partial \boldsymbol{W}_1} \\
&= \boldsymbol{W}_1(n) - \eta_1 [\boldsymbol{x}(t) - \hat{\boldsymbol{x}}(t)](\boldsymbol{x}')^{\mathrm{T}} \boldsymbol{\Phi}_1^{\mathrm{T}}
\end{aligned} \tag{6-2-28}$$

转入步骤(2)。

在设置学习迭代终止的约束条件时，可以有两种不同的方法：选取某种误差函数作为约束条件和以迭代次数作为约束条件。

6.2.4　AR 模型自动辨识过程

将上述算法与 AIC 信息量准则相结合得到 AR 模型的自动辨识算法：

(1) 确定 AR 模型的初始阶次。

（2）利用前面提出的 RBF 神经网络模型进行时变 AR 模型时变参数的辨识，确定模型的残差。

（3）计算 AIC 函数的值，并改变模型阶次，重复步骤（2）、（3）。

（4）选取值最小的模型阶次作为时变 AR 模型的真实阶次，并确定此时的模型系数及误差。

6.2.5　TVAR 模型系数的神经网络辨识仿真

实验信号采用双线性调频信号：

$$y = \cos[2\pi(199.6t + 195.7t^2)] + \sin[2\pi(400t - 195.7t^2]$$

实验结果如图 6-2-2～图 6-2-6 所示。

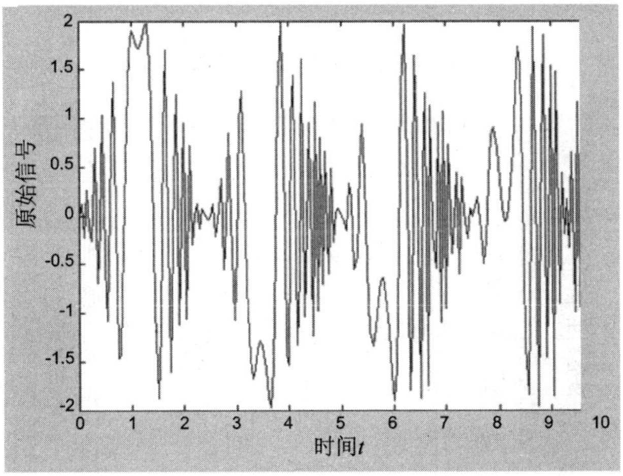

图 6-2-2　原始信号

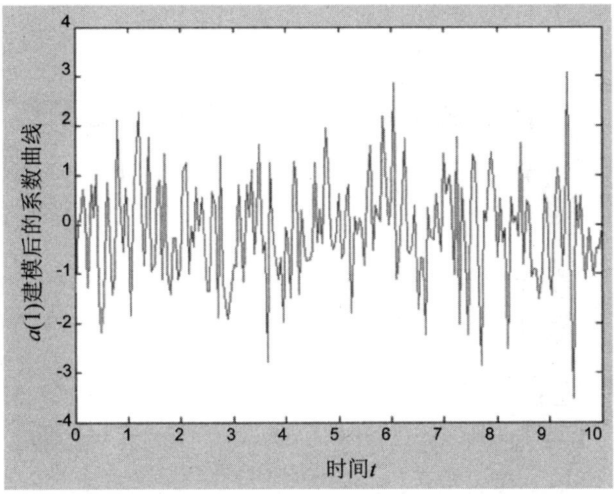

图 6-2-3　$a_1(t)$曲线

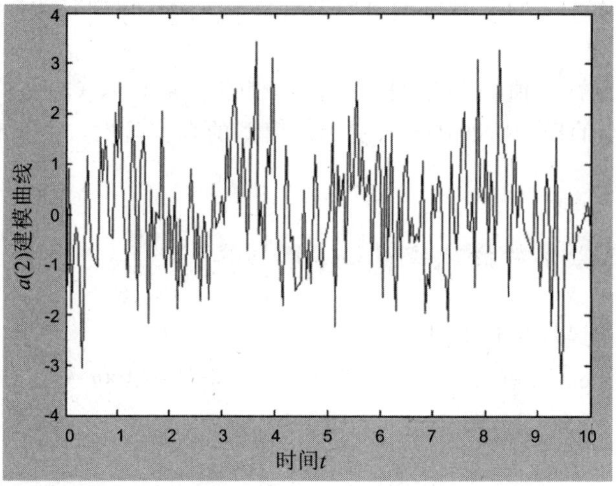

图 6-2-4　$a_2(t)$曲线

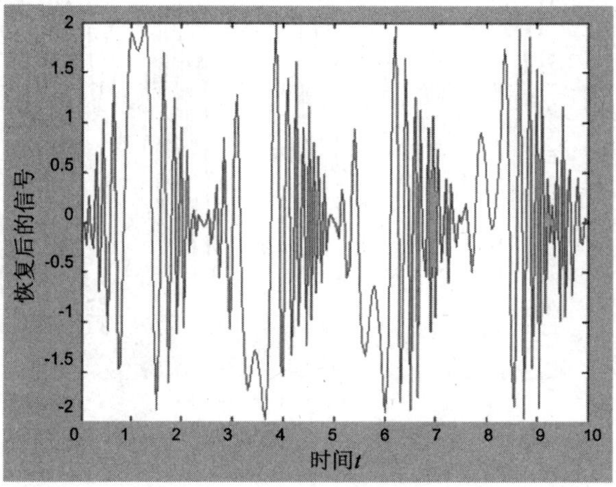

图 6-2-5　恢复信号($p=2$)

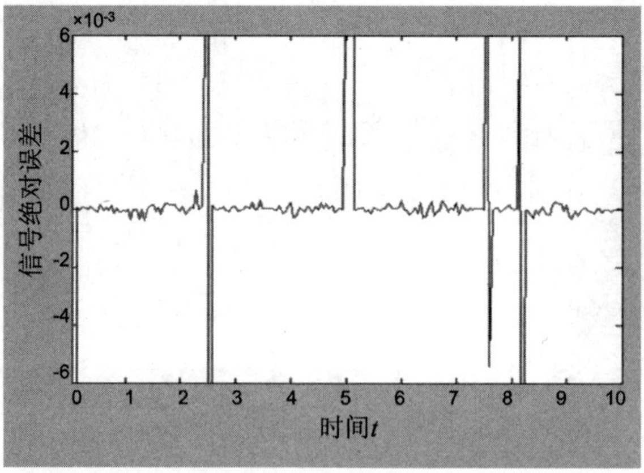

图 6-2-6　误差信号($p=2$)

当 $p=2$ 时，AR 模型辨识结果为

$$x(t)=a_1(t)x(t-T)+a_2(t)x(t-2T)+\varepsilon(t)$$

其中

$$a_1(t)=\mathrm{e}^{-\frac{\|t-c\|^2}{2\sigma^2}}\boldsymbol{W}_1(t),\quad a_2(t)=\mathrm{e}^{-\frac{\|t-c\|^2}{2\sigma^2}}\boldsymbol{W}_2(t)$$

$$c=(0.5276\quad -0.5532\quad 0.2716\quad -1.2266\quad -0.1231\quad -0.3017)$$

$$\sigma^2=(28.4193\quad 39.2542\quad 30.7745\quad 47.1873\quad 34.6627\quad 36.5248)$$

$\boldsymbol{W}_1$、$\boldsymbol{W}_2$分别为模型辨识过程中生成的动态权值矩阵。

实验结果分析：TVAR 模型神经网络辨识的误差在绝大部分观测时刻都趋于零，只有在有限个观测时刻误差较大(<0.07)。因此，TVAR 模型神经网络辨识的精度要明显高于基于一阶矩和二阶矩的时间基方法，且同神经网络迭代次数和模型阶次有关。当模型阶次 $p=5$ 时，在任意观测时刻都能达到相当高的辨识精度，如图 6-2-7 所示。

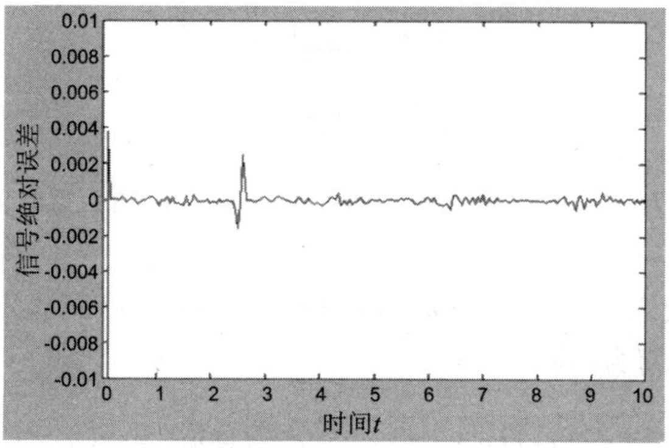

图 6-2-7　误差信号($p=5$)

6.3　非平稳 ARMA 模型

传统 ARMA 模型的求解会产生一组非线性方程，对于非线性方程目前尚没有有效的方法求得其数值解，一般采用优化方法，即首先给定一初始解，其次按 Gauss - Newton 方法或其他优化算法对初始解进行优化从而得到非线性方程组的近似解。为此，可以考虑沃尔德分解定理。沃尔德分解定理将 AR、MA 和 ARMA 三个模型联系起来，其推论表明任何 ARMA 或 AR 过程都可以用无限阶的唯一的 MA 模型表示。而柯尔莫哥洛夫定理表明，任何 ARMA 或 MA 过程都可以用无限阶的 AR 模型表示。可见，即使我们在三种模型中选择了不正确的模型，但只要选取的模型阶次足够高，也仍然可以得到一个合理的近似表示。

6.3.1　白噪声序列估计的自回归逼近法

1. 基本思想

假设原始观测时间序列为 $x(1)$，$x(2)$，…，$x(N)$，采用 TVAR 模型对其进行建模，模型阶次上限为 $p_{\max}=[\sqrt{N}]$，利用式(6-2-5)或式(6-2-22)结合 AIC 准则便可确定模型参数(p,θ)。之后，可按式(6-2-16)确定白噪声序列 $w(t)$，$t>p$；对于 $t<p$ 的情况，

可采用补零法，即假设观测初始时刻前的 p 个观测值均为零，再按式(6-2-16)确定白噪声序列 $w(t)$，$t<p$。

2. TVARMA 参数估计方法

TVARMA 参数估计采用最小二乘方法。

白噪声序列 $w(t)$确定后，设原始观测序列的 TVARMA(p, q)模型的一般表示形式为

$$x(n)+\sum_{i=1}^{p}a_i(n-i)x(n-i)=\sum_{i=0}^{q}b_i(n-i)w(n-i) \tag{6-3-1}$$

其中，$a_i(n-i)$和 $b_i(n-i)$分别为 AR 部分和 MA 部分的时变参数，$w(n-i)$为均值为 0，方差 σ^2已知的激励白噪声序列。

在上述模型中，由于 $a_i(n-i)$和 $b_i(n-i)$分别为时间的函数，根据函数逼近理论原理，可分别将其表示为一组正交基函数的线性加权和，即有

$$\begin{aligned} a_i(n)&=\sum_{k=1}^{m}c_{i,k}f_k(n)\\ b_i(n)&=\sum_{j=1}^{l}d_{i,j}g_j(n)\end{aligned} \tag{6-3-2}$$

其中，$f_k(n)$和 $g_j(n)$为 $a_i(n-i)$和 $b_i(n-i)$的基函数，m 和 l 为时间基长度，$c_{i,k}$和 $d_{i,j}$为常权值。

将式(6-3-2)代入 $a_i(n-i)x(n-i)$和 $b_i(n-i)w(n-i)$，则 $a_i(n-i)x(n-i)$和 $b_i(n-i)w(n-i)$可改写为

$$\begin{aligned} a_i(n-i)x(n-i)&=\sum_{k=1}^{m}c_{i,k}f_k(n-i)x(n-i)\\ b_i(n-i)w(n-i)&=\sum_{j=1}^{l}d_{i,j}g_j(n-i)w(n-i)\end{aligned} \tag{6-3-3}$$

即

$$\begin{aligned} a_i(n-i)x(n-i)&=\boldsymbol{u}^{\mathrm{T}}(n-i)\boldsymbol{c}_i\\ b_i(n-i)w(n-i)&=\boldsymbol{v}^{\mathrm{T}}(n-i)\boldsymbol{d}_i\end{aligned} \tag{6-3-4}$$

其中

$$\begin{aligned} \boldsymbol{u}(n-i)&=x(n-i)[f_{i,1}(n-i)\cdots f_{i,m}(n-i)]^{\mathrm{T}}\\ \boldsymbol{v}(n-i)&=w(n-i)[g_{i,1}(n-i)\cdots g_{i,l}(n-i)]^{\mathrm{T}}\\ \boldsymbol{c}_i&=[c_{i,1}\cdots c_{i,m}]^{\mathrm{T}}\\ \boldsymbol{d}_i&=[d_{i,1}\cdots d_{i,l}]^{\mathrm{T}}\end{aligned}$$

将方程(6-3-4)代入方程(6-3-1)可得

$$\begin{aligned} &x(n)+\boldsymbol{u}^{\mathrm{T}}(n-1)c_1+\cdots+\boldsymbol{u}^{\mathrm{T}}(n-p)\boldsymbol{c}_p\\ &=\boldsymbol{v}^{\mathrm{T}}(n)\boldsymbol{d}_0+\boldsymbol{v}^{\mathrm{T}}(n-1)\boldsymbol{d}_1+\cdots+\boldsymbol{v}^{\mathrm{T}}(n-q)\boldsymbol{d}_q\end{aligned} \tag{6-3-5}$$

即

$$x(n)+\boldsymbol{\phi}^{\mathrm{T}}(n)\boldsymbol{\theta}=0 \tag{6-3-6}$$

其中

$$\boldsymbol{\phi}(n)=[\boldsymbol{u}^{\mathrm{T}}(n-1)\boldsymbol{u}^{\mathrm{T}}(n-2)\cdots\boldsymbol{u}^{\mathrm{T}}(n-p)\boldsymbol{v}^{\mathrm{T}}(n)\boldsymbol{v}^{\mathrm{T}}(n-1)\cdots\boldsymbol{v}^{\mathrm{T}}(n-q)]$$

$$\boldsymbol{\theta} = [\boldsymbol{c}_1^{\mathrm{T}} \boldsymbol{c}_2^{\mathrm{T}} \cdots \boldsymbol{c}_p^{\mathrm{T}} \boldsymbol{d}_0^{\mathrm{T}} \cdots \boldsymbol{d}_q^{\mathrm{T}}]$$

基于上述思想，观测时间序列 $x(0)$，$x(1)$，…，$x(N)$可分别表示为如下方程形式：

$$\begin{aligned} x(0) &= -\boldsymbol{\phi}^{\mathrm{T}}(0)\boldsymbol{\theta} \\ x(1) &= -\boldsymbol{\phi}^{\mathrm{T}}(1)\boldsymbol{\theta} \\ &\vdots \\ x(N) &= -\boldsymbol{\phi}^{\mathrm{T}}(N)\boldsymbol{\theta} \end{aligned} \tag{6-3-7}$$

方程组(6-3-7)可改写为如下的矢量方程：

$$\boldsymbol{X} = \boldsymbol{\Phi\theta} \tag{6-3-8}$$

其中

$$\boldsymbol{X} = [x(0)x(1)\cdots x(N)]^{\mathrm{T}}$$
$$\boldsymbol{\Phi} = [\boldsymbol{\phi}^{\mathrm{T}}(0)\boldsymbol{\phi}^{\mathrm{T}}(1)\cdots\boldsymbol{\phi}^{\mathrm{T}}(N)]$$

工程中，观测时间序列长度 $N+1>p\times m+(q+1)\times l$，故方程(6-3-8)为超定方程，其最小二乘解为

$$\boldsymbol{\theta} = (\boldsymbol{\Phi}^{\mathrm{T}}\boldsymbol{\Phi})^{-1}\boldsymbol{\Phi}^{\mathrm{T}}\boldsymbol{X} \tag{6-3-9}$$

6.3.2　基于逆函数和时间基相结合的时变 ARMA 模型的自动参数辨识

1. 逆函数

在平稳随机信号分析中，常需将模型化为传递形式，传递形式是通过格林(Green)函数 G 对白噪声序列$\{w_t\}$加权的线性组合来表示观测数据 x_t的，即

$$x_t = \sum_{j=0}^{\infty} G_j w_{t-j} = \sum_{j=0}^{\infty} (G_j z^{-j}) w_t \tag{6-3-10}$$

逆函数基于这样一种思想：当不相关的平稳数据序列$\{w_t\}$可以用一个相关的平稳数据序列$\{x_t\}$的现在值和过去值的线性组合来表示时，其负的“加权”定义为逆函数，即

$$w_t = \sum_{j=0}^{\infty} (-I_j) x_{t-j} = \sum_{j=0}^{\infty} (-I_j z^{-j}) x_t \tag{6-3-11}$$

其中 I_j称为逆函数。

(1) 从信号处理角度来看，G_j将一个独立的、彼此无关的序列$\{w_t\}$组合成一个彼此相关的数据序列$\{x_t\}$，故它是一个成形滤波器；而$(-I_j)$将一个相关的数据序列$\{x_t\}$转化成一个彼此无关的数据序列$\{w_t\}$，故它是一个白化滤波器。显然，G_j与 I_j的作用是互逆的。

(2) I_t与 G_t的关系。从系统的角度看，ARMA 模型描述了一个输入为 w_t、输出为 x_t、传递函数为$\dfrac{B(z)}{A(z)}$的系统。若以同样的观点来看式(6-3-11)，则该式描述了原系统的逆传递形式：输入为 x_t，输出为 w_t，传递函数为$\dfrac{A(z)}{B(z)}$。在逆传递情况下，若输入为单位脉冲 δ_{t-j}，则由式(6-3-11)可得逆传递系统的输出为

$$w_t = \sum_{j=0}^{\infty} (-I_j)\delta_{t-j} = -I_t \tag{6-3-12}$$

则

$$\frac{B(z)}{A(z)}(-I_t) = \Big(\sum_{j=0}^{\infty} G_j z^{-j}\Big)(-I_t) = \sum_{j=0}^{\infty} G_j(-I_{t-j}) = \delta_t \tag{6-3-13}$$

即

$$G * (-I_t) = \delta_t \tag{6-3-14}$$

上式表明，$-I_t$与G_t在褶积关系中互“逆”，它们的褶积等于一个单位脉冲。不仅如此，从系统的角度看，当原系统顺传递时，其输出应是G_t与输入的褶积。因而式(6－3－13)表明，原系统在$-I_t$输入下的输出就是单位脉冲δ_t；反之，根据褶积性质式(6－3－14)可以写成：

$$(-I_t) * G = \delta_t \tag{6-3-15}$$

该式表明，逆传递系统在G_t输入下的输出也是单位脉冲δ_t，故G_t与$-I_t$描述的系统也是互逆的。

2. ARMA 时变参数模型中 AR 部分时变参数估计

定义时变 ARMA 模型为

$$\begin{aligned}\varepsilon(t) &= x(t) + a_1(t)x(t-T) + a_2(t)x(t-2T) + \cdots + a_p(t)x(t-pT) \\ &= b_1(t)w(t-T) + b_2(t)w(t-2T) + \cdots \\ &\quad + b_q(t)w(t-qT) + b_0(t)w(t)\end{aligned} \tag{6-3-16}$$

其中，$x(t)$，$x(t-T)$，$x(t-2T)$，…，$x(t-pT)$依次为对过程x的观测数据，w为服从$N(0, \sigma_{\min}^2)$分布的白噪声，$a_1(t)$，$a_2(t)$，…，$a_p(t)$，$b_1(t)$，$b_2(t)$，…，$b_q(t)$为时变参数。

对此过程，我们可以推导出与式(6－2－19)及式(6－2－20)相似的正交条件。注意式(6－3－15)可由ε_t置换式(6－2－15)中的$w(t)$而得到，式(6－2－16)也可做相同的置换。这样

$$\text{grad}_{\boldsymbol{\theta}}\, \varepsilon_t = [\boldsymbol{X}_{t-1}^{\mathrm{T}}, \cdots, \boldsymbol{X}_{t-p}^{\mathrm{T}}]^{\mathrm{T}} \tag{6-3-17}$$

该式与式(6－2－20)结果相同。在式(6－2－19)中，对所有正的i值，w_t与x_{t-i}均正交。但这里的ε_t并不与x_{t-i}正交，因ε_t是q阶滑动平均过程。然而过程ε_t与$[w_{t-q-1}, w_{t-q-2}, \cdots]$正交，故它与$x_{t-q-i}(\forall i>0)$正交及与$X_{t-q-i}(\forall i>0)$正交。由式(6－3－17)可以见到它与$\text{grad}_{\boldsymbol{\theta}}\, \varepsilon_{t-q-i}$正交。这样，可得下列修正的尤利—沃克方程：

$$E\left[\begin{bmatrix} \boldsymbol{X}_{t-q-1} \\ \vdots \\ \boldsymbol{X}_{t-q-p} \end{bmatrix} [\boldsymbol{X}_{t-1}^{\mathrm{T}}, \cdots, \boldsymbol{X}_{t-p}^{\mathrm{T}}]\right]\boldsymbol{\theta} = -E\left[\begin{bmatrix} \boldsymbol{X}_{t-q-1} \\ \vdots \\ \boldsymbol{X}_{t-q-p} \end{bmatrix} x_t\right] \tag{6-3-18}$$

上式可简化为

$$\boldsymbol{A}_1\boldsymbol{\theta} = \boldsymbol{\beta} \tag{6-3-19}$$

其中

$$\boldsymbol{A}_1 = \sum_{t=1}^{N} \begin{bmatrix} \boldsymbol{X}_{t-q-1} \\ \vdots \\ \boldsymbol{X}_{t-q-p} \end{bmatrix} [\boldsymbol{X}_{t-1}^{\mathrm{T}}, \cdots, \boldsymbol{X}_{t-p}^{\mathrm{T}}], \quad \beta = -\sum_{t=1}^{N} \begin{bmatrix} \boldsymbol{X}_{t-q-1} \\ \vdots \\ \boldsymbol{X}_{t-q-p} \end{bmatrix} x_t \tag{6-3-20}$$

则 AR 部分的系数矢量$\boldsymbol{\theta}$的解为

$$\boldsymbol{\theta} = A_1^{-1}\beta \tag{6-3-21}$$

3. MA 部分时变参数的估计

首先，将 AR 系数矢量代入方程(6－3－19)可得残差序列为

$$\varepsilon(t) = x(t) + [\boldsymbol{X}_{t-1}^{\mathrm{T}}, \cdots, \boldsymbol{X}_{t-p}^{\mathrm{T}}]\boldsymbol{\theta} \tag{6-3-22}$$

其次，根据逆函数思想，可得与 ε(t)的滑动平均模型

$$\varepsilon(t) = b_1(t)w(t-T) + b_2(t)w(t-2T) + \cdots + b_q(t)w(t-qT) + b_0(t)w(t) \tag{6-3-23}$$

等价的高阶自回归方程为

$$\varepsilon(t) + \sum_{p_1=1}^{p_0} c(t-p_1)\varepsilon(t-p_1) = w(t) \tag{6-3-24}$$

对于上式，采用求解纯 AR 时变参数模型相同的方法，确定上式中的系数矢量，并进而确定其输入 $w(t)$，使用最小二乘估计准则，容易辨识 MA 模型时变参数。定义过程$\{\boldsymbol{W}_t\}$与矢量 $\boldsymbol{\lambda}$ 为

$$\begin{aligned}\boldsymbol{W}_t &= [f_0(t)w(t),\ \cdots,\ f_m(t)w(t)]^{\mathrm{T}} \\ \boldsymbol{\lambda} &= [b_{00},\ \cdots,\ b_{0m},\ b_{10},\ \cdots,\ b_{1m},\ b_{q0},\ \cdots,\ b_{qm}]\end{aligned} \tag{6-3-25}$$

则 ε(t)的滑动平均模型可重新写为

$$\varepsilon(t) = [\boldsymbol{W}_t^{\mathrm{T}},\ \boldsymbol{W}_{t-1}^{\mathrm{T}},\ \cdots,\ \boldsymbol{W}_{t-q}^{\mathrm{T}}]\boldsymbol{\lambda} \tag{6-3-26}$$

由最小二乘估计准则，有

$$\sum_{t=1}^{N} (\varepsilon_t - [\boldsymbol{W}_t^{\mathrm{T}},\ \boldsymbol{W}_{t-1}^{\mathrm{T}},\ \cdots,\ \boldsymbol{W}_{t-q}^{\mathrm{T}}]\boldsymbol{\lambda})^2 \tag{6-3-27}$$

最小化上式可得求解 $\boldsymbol{\lambda}$ 的线性方程为

$$\sum_{t=1}^{N}\left[\begin{bmatrix}\boldsymbol{W}_t \\ \boldsymbol{W}_{t-1} \\ \vdots \\ \boldsymbol{W}_{t-q}\end{bmatrix}[\boldsymbol{W}_t^{\mathrm{T}},\ \cdots,\ \boldsymbol{W}_{t-q}^{\mathrm{T}}]\right]\cdot\boldsymbol{\lambda} = \sum_{t=1}^{N}\begin{bmatrix}\boldsymbol{W}_t \\ \boldsymbol{W}_{t-1} \\ \vdots \\ \boldsymbol{W}_{t-q}\end{bmatrix}\varepsilon(t) \tag{6-3-28}$$

令

$$\boldsymbol{A}_2 = \sum_{t=1}^{N}\left[\begin{bmatrix}\boldsymbol{W}_t \\ \boldsymbol{W}_{t-1} \\ \vdots \\ \boldsymbol{W}_{t-q}\end{bmatrix}[\boldsymbol{W}_t^{\mathrm{T}},\ \cdots,\ \boldsymbol{W}_{t-q}^{\mathrm{T}}]\right],\quad \boldsymbol{\gamma} = \sum_{t=1}^{N}\begin{bmatrix}\boldsymbol{W}_t \\ \boldsymbol{W}_{t-1} \\ \vdots \\ \boldsymbol{W}_{t-q}\end{bmatrix}\varepsilon(t) \tag{6-3-29}$$

则式(6－3－28)可改写为

$$\boldsymbol{A}_2\boldsymbol{\lambda} = \boldsymbol{\gamma} \tag{6-3-30}$$

由上式可求得 MA 部分的系数向量为

$$\boldsymbol{\lambda} = \boldsymbol{A}_2^{-1}\boldsymbol{\gamma} \tag{6-3-31}$$

4. 时变 ARMA 模型辨识过程

在模型阶次已知的情况下，利用上述方法实现时变 ARMA 参数辨识的过程如下：

(1) 由式(6－3－20)确定 AR 部分的系数，由式(6－3－22)确定残差序列 ε(t)。

(2) 计算残差序列 ε(t)的高阶 AR 模型及白噪声序列 $w(t)$。

(3) 利用式(6－3－43)计算 MA 部分系数。

事实上，在实际的工程信号处理过程中，模型阶次是未知的。在这种情况下，结合 AIC 信息准则，可得到阶次未知情况下的时变 ARMA 模型的自动辨识过程，如图 6－3－1 所示。

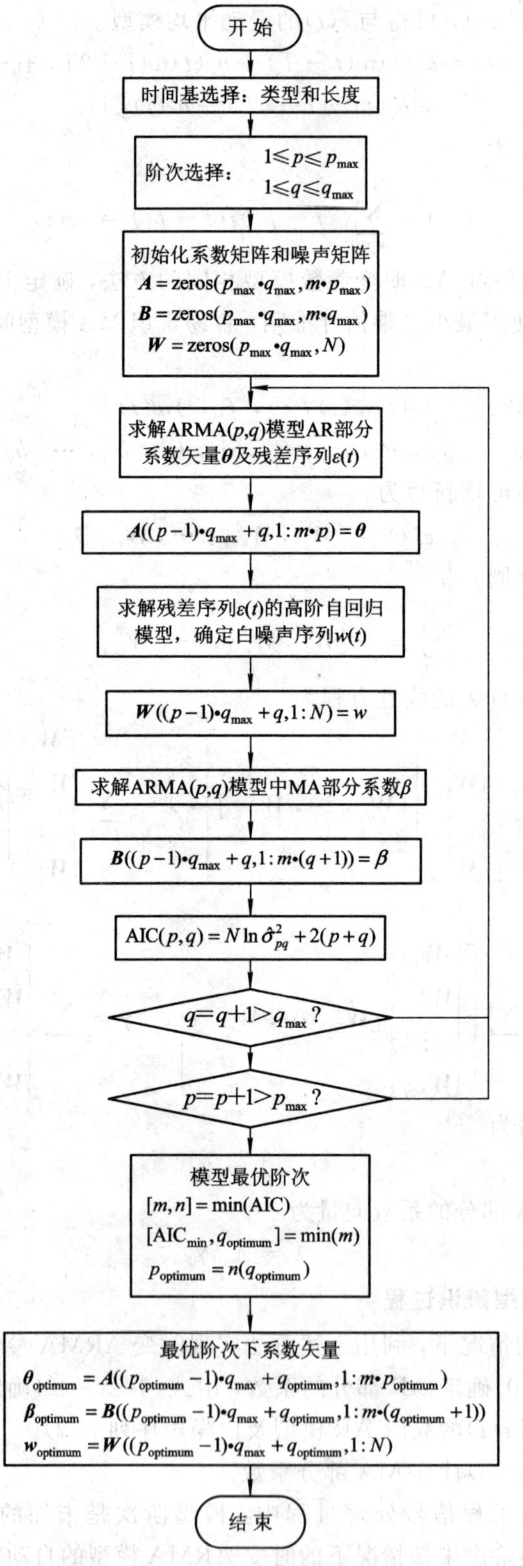

图 6－3－1　TVARMA 模型自动辨识流程图

6.3.3 TVARMA 算法验证

对非平稳 ARMA 模型建模方法进行仿真实验，实验信号采用双线性调频信号：

$$y = \cos[2\pi(199.6t + 195.7t^2)] + \sin[2\pi(400t - 195.7t^2)]$$

通过计算机仿真将上述方法分别用于双线性调频信号的 ARMA(2，2)模型建模。实验结果如图 6-3-2～图 6-3-5 所示。仿真试验证明，该算法可有效地辨识时变 ARMA 模型参数，建模精确度高。

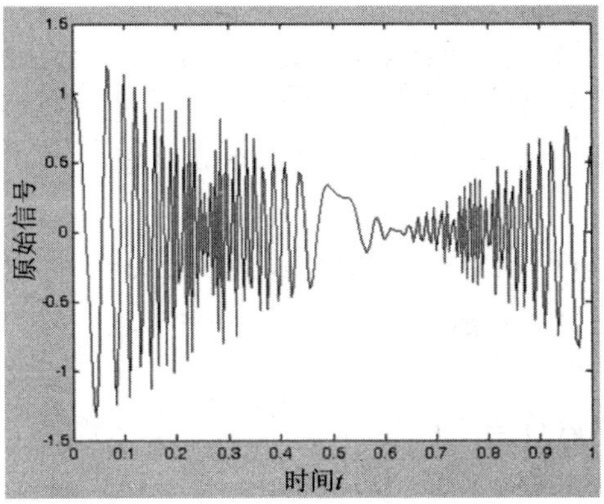

图 6-3-2　原始信号

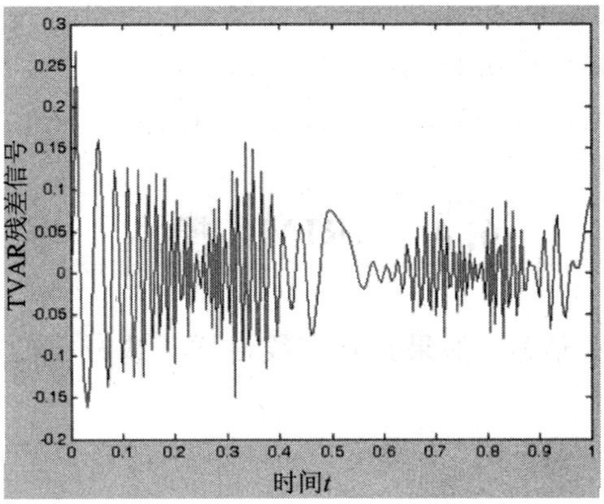

图 6-3-3　TVAR 残差

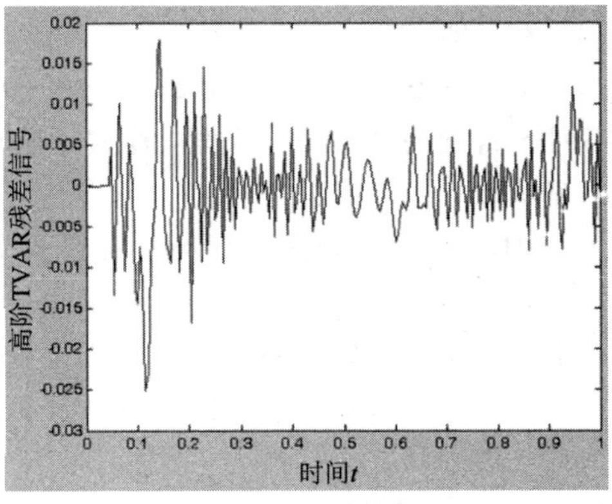

图 6-3-4　高阶 TVAR(p=10)残差

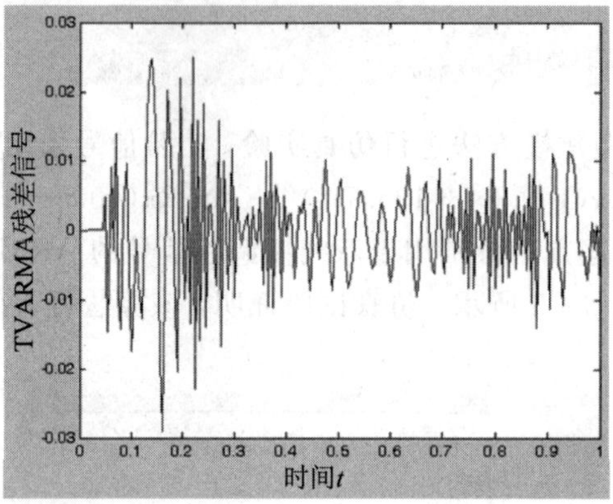

图 6-3-5 TVARMA 残差

模型辨识结果为

$$x(t)+a_1\mathbf{g}(t-1)x(t-1)+a_2\mathbf{g}(t-2)x(t-2)$$
$$=b_0w(t)+b_1\mathbf{g}(t-1)w(t-1)+b_2\mathbf{g}(t-2)w(t-2)$$

其中

$$\mathbf{g}(t)=[1\quad t\quad t^2\quad t^3\quad t^4\quad t^5\quad t^6]^{\mathrm{T}}$$
$$a_1=[0.0022\quad 0.0179\quad -0.5509\quad 2.7399\quad -5.4136\quad 4.7145\quad -1.5081]\times 10^3$$
$$a_2=[-0.0011\quad -0.0065\quad 0.0873\quad -0.3650\quad 0.7025\quad -0.6309\quad 0.2128]\times 10^3$$
$$b_0=[-0.0007\quad -0.0208\quad 0.1723\quad -0.5024\quad 0.6953\quad -0.4628\quad 0.1191]\times 10^3$$
$$b_1=[-0.0003\quad -0.0198\quad 0.1886\quad -0.6471\quad 1.0410\quad -0.7957\quad 0.2334]\times 10^3$$
$$b_2=[0.0008\quad -0.0453\quad 0.3115\quad -0.8690\quad 1.1904\quad -0.7974\quad 0.2089]\times 10^3$$

6.4 ARIMA 模型

对于一类特殊的非平稳信号，如果其具有线性增长或减小的趋势，则可采用 ARIMA 模型对其进行建模。

非平稳数据序列 $x(t)$，其一次、二次，…，$d-1$ 次的差分 ∇x_t，$\nabla^2 x_t$，…，$\nabla^{d-1}x_t$ 不是平稳的，但第 d 次差分为

$$\nabla^d x_t=s_t,\quad t>d \tag{6-4-1}$$

若 s_t 是平稳的 ARMA(p, q)序列，即

$$s_t-\varphi_1 s_{t-1}-\cdots-\varphi_p s_{t-p}=a_t-\theta_1 a_{t-1}-\cdots-\theta_q a_{t-q} \tag{6-4-2}$$

则这种由非平稳随机信号序列 x_t 得到的上述信号模型，称为 d 阶求和 ARMA(p, q)模型，并用记号 ARIMA(p, d, q)表示。

由于 $\nabla x_t=x_t-x_{t-1}=(1-B)x_t$，故差分算子 ∇ 与后移算子 B 的关系为：$\nabla=1-B$。而

$$\nabla^d=(1-B)^d=1-C_d^1B+C_d^2B+\cdots+(-1)^{d-1}C_d^{d-1}B^{d-1}+(-1)^dB^d$$

式中，$C_d^r=d!/[r!(d-r)!]$，$r=1, 2, \cdots, d-1$。这样式(6-4-1)的 d 次差分序列可表示为

$$\nabla^d x_t=(1-B)^d x_t=s_t \tag{6-4-3}$$

式(6-4-2)的 ARMA(p, q)模型可写为

$$\varphi(B)s_t = \theta(B)a_t \tag{6-4-4}$$

其中，$\varphi(B)=1-\varphi_1 B-\cdots-\varphi_p B^p$，$\theta(B)=1-\theta_1 B-\cdots-\theta_q B^q$。

将式(6-4-3)代入式(6-4-4)得

$$\varphi(B)(1-B)^d x_t = \theta(B)a_t \tag{6-4-5}$$

式(6-4-5)即为 ARIMA(p，d，q)信号模型表示式。

ARIMA(p，d，q)模型的物理意义可从下列两方面来理解：

(1) ARIMA 模型实际上是用二项式$(1-B)^d$来消除非平稳随机信号中的多项式趋向的，从系统角度来分析，就是将系统中 d 个相同的一阶环节作了分离。

(2) 当 x_t是趋向性非平稳随机信号序列时，其系数多项式 $\varphi(z)=(1-z^{-1})$，$\varphi(z)=0$ 有 d 个根在单位圆上，经 d 次差分处理后，所得序列 s_t的系数多项式 $\varphi(z)=0$ 的所有根均在单位圆内，便成为平稳的 ARMA(p，q)信号模型。

若 s_t的功率谱记作 $P_s(f)$，x_t的功率谱记作 $P_x(f)$，则有

$$P_s(f) = |1-\mathrm{e}^{-\mathrm{j}2\pi f}|^{2d}P_x(f) = (2\sin\pi f)^{2d}P_x(f)$$

因此，如欲估计 $P_x(f)$，可以先求出 $P_s(f)$，然后计算出 $P_x(f)$：

$$P_x(f) = (2\sin\pi f)^{-2d}P_s(f)$$

6.5 应 用 举 例

以飞行器遥测速变信号为背景，研究时变参数模型方法在其中的应用。这里分别研究了基于时变参数模型的飞行器遥测速变信号特征提取方法和基于遥测信号参数模型的飞行器设备隔振控制方法。

6.5.1 基于时变参数模型的飞行器遥测速变信号特征提取方法

1. AR 模型的进化谱估计及特征提取

1) 谱公式推导

经过各种算法获得模型系数估计结果后，代入 TVAR(p)模型，为方便起见重写模型如下：

$$x(t) - \sum_{k=1}^{p} a_k(t)x(t-kT) = v(t) \tag{6-5-1}$$

其中，T 为采样周期，$a_k(t)$为时变参数，$v(t)$为加性白噪声。

此时，将上式两边进行 z 变换，可得时变系统的传递函数为

$$H(t,z) = \frac{1}{1-\sum\limits_{k=1}^{p} a_k(t)z^{-k}} \tag{6-5-2}$$

设输出端的 z 变换为 $S_{xx}(z)$，输入端的 z 变换为 $S_{vv}(z)$，依据线性系统理论，则有

$$S_{xx}(t,z) = H(t,z) * H^*\left(t,\frac{1}{z^*}\right) * S_{vv}(z) \tag{6-5-3}$$

令 $z=\mathrm{e}^{\mathrm{j}\omega}$，$-\pi\leqslant\omega\leqslant\pi$，同时由于输入是方差为 σ^2 的白噪声序列，则 TVAR 模型的输出功率谱密度为

$$S_{AR}(t,\omega)=\frac{\sigma^2}{\left|1+a_1(t)e^{-j\omega}+a_2(t)e^{-2j\omega}+\cdots+a_p(t)e^{-pj\omega}\right|^2}$$
$$=\frac{\sigma^2}{\left|1+\sum_{k=1}^{p}\sum_{j=1}^{m}a_{kj}g_j(t-k)e^{-kj\omega}\right|^2} \tag{6-5-4}$$

其中，$\omega=2\pi f/f_s$，f_s 为采样频率，σ^2 可由 $\hat{\sigma}^2=\frac{\sum_{t=p+1}^{N}v^2(t)}{N-p}$ 估计。

式(6-5-4)表明 TVAR 模型的进化谱 $S_{AR}(t,\omega)$ 为时间 t 和频率 f 的二元函数，因此固定时间区间和频率区间后便可依次计算各点对应的谱峰值并绘出三维图。提取谱峰最大点处所对应的各坐标值即可获得观测数据的谱特征值。

2）算例分析及对比

(1) 单分量信号：

$$y=\sin[2\pi(199.6+195.7t)t]$$

信号如图 6-5-1 所示，采样长度为 256，频率为 1000 Hz。特征提取过程按如下步骤进行：

① 首先确定模型阶次 p 和时间基类型及长度 m。

② 依据模型系数辨识方法辨识模型系数并确定白噪声方差 $\hat{\sigma}^2$。

③ 谱估计及特征提取。

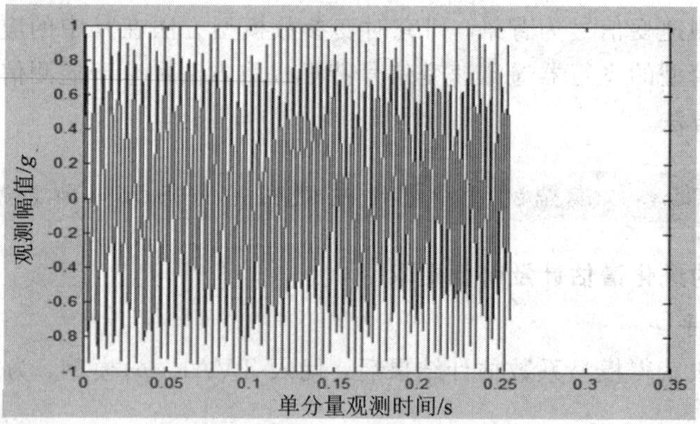

图 6-5-1　单分量观测信号

按如上步骤进行特征提取，选取 $p=3$，时间基为傅立叶基，长度 m 为 3，模型辨识结果如下：

$$x(t)-\sum_{k=1}^{3}\sum_{i=0}^{2}a_{ki}g_i(t-k)x(t-kT)=v(t) \tag{6-5-5}$$

其中

$$[a_{1,0},\ a_{1,1},\ a_{1,2},\ a_{2,0},\ a_{2,1},\ a_{2,2},\ a_{3,0},\ a_{3,1},\ a_{3,2}]$$
$$=[0.6079\quad -1.2315\quad -0.0039\quad -0.9856\quad -0.0335$$
$$0.0111\quad -0.0241\quad 0.0145\quad -0.0027]$$
$$v\sim N(0,\ 1.2684e-006)$$

为便于对比，分别采用 TVAR 和 WVD 参数模型方法进行谱估计，如图 6-5-2 和图

6-5-3 所示。分别进行特征提取，TVAR 谱估计特征提取值为(0.136，253，258.1715)，WVD 提取值为(0.130，250，251.6751)。显然，这两种方法的特征提取精度在误差允许范围内。

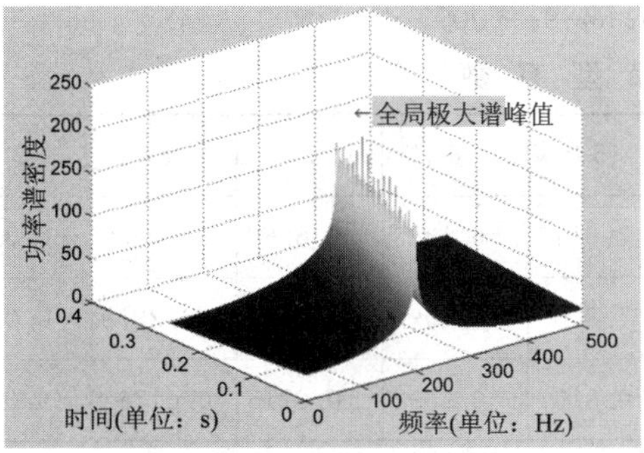

图 6-5-2　TVAR 谱估计

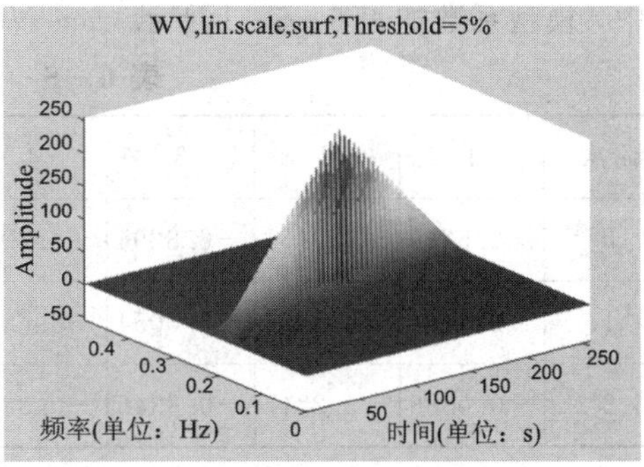

图 6-5-3　WVD 谱估计

(2) 多分量信号：

$$y = \sin[2\pi(199.6 + 195.7t)t] + \sin[2\pi(400 - 195.7t)t]$$

信号如图 6-5-4 所示，采样长度为 256，频率为 1000 Hz。

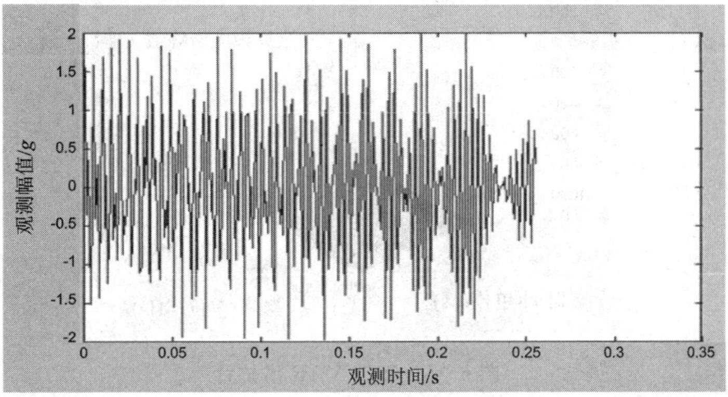

图 6-5-4　多分量观测信号

为了考察参数模型方法的特征提取精度，将其与非参数谱估计方法对比，分别采用非参数谱估计方法 SPWV 和 TVAR 模型参数谱估计方法进行谱估计。

SPWV 谱估计如图 6-5-5 所示，特征提取值为(0.219，298.8281，39.5935)。

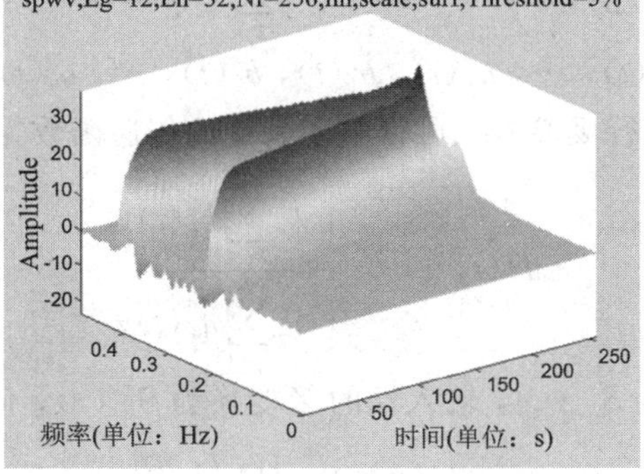

图 6-5-5　SPWV 谱估计

TVAR 模型辨识结果如下：

$$x(t) - \sum_{k=1}^{9}\sum_{i=0}^{2} a_{ki} g_i(t-k)x(t-kT) = v(t) \tag{6-5-6}$$

其中，模型系数如表 6-5-1 所示。$v \sim N(0, 7.5489\text{e}-007)$。

表 6-5-1　模 型 系 数

阶次	1	2	3	4	5	6	7	8	9
0	−2.5246	−4.9151	−6.8294	−8.2085	−7.6146	−6.1339	−3.6880	−1.7936	−0.3272
1	−0.5464	−3.5236	−6.0054	−8.6868	−7.3409	−5.1097	−1.7361	−0.2278	−0.0202
2	−0.0288	−0.2747	−0.3345	−0.3816	−0.3167	−0.2592	−0.0715	0.0176	−0.0046

依据模型辨识结果绘出其谱估计如图 6-5-6 所示，提取特征值为(0.2170，316，35.4358)。显然，这两种方法的误差在允许范围之内，即证明模型的正确性。

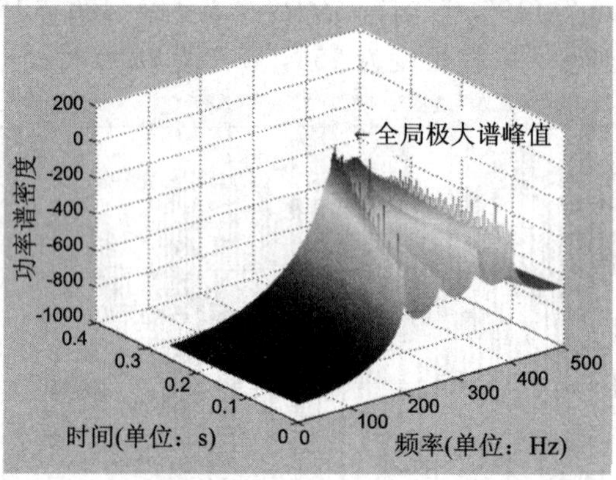

图 6-5-6　TVAR 谱估计

2. ARMA 模型的进化谱估计及特征提取

1) 谱公式推导

经过系数辨识算法获得模型系数后，代入 TVARMA(p，q)模型，为方便起见重写模型如下：

$$x(t) + \sum_{i=1}^{p} a_i(t)x(t-pT) = \sum_{i=1}^{q} b_i(t)w(t-qT) + w(t) \tag{6-5-7}$$

$w \sim N(0, \sigma^2)$，$a_1(t)$，$a_2(t)$，…，$a_p(t)$，$b_1(t)$，$b_2(t)$，…，$b_q(t)$为时变参数。

此时，将上式两边进行 Z 变换，可得时变系统的传递函数为

$$H(t, z) = \frac{1 + \sum_{k=1}^{q} b_k(t)z^{-k}}{1 + \sum_{k=1}^{p} a_k(t)z^{-k}} \tag{6-5-8}$$

设输出端的 Z 变换为 $S_{xx}(z)$，输入端的 Z 变换为 $S_{ww}(z)$，依据线性系统理论，则有

$$S_{xx}(t, z) = H(t, z) * H^*\left(t, \frac{1}{z^*}\right) * S_{ww}(z) \tag{6-5-9}$$

令 $z=e^{j\omega}$，$-\pi\leqslant\omega\leqslant\pi$，同时由于输入是方差为 σ^2 的白噪声序列，则 TVAR 模型的输出功率谱密度为

$$S_{\mathrm{ARMA}}(t,\omega)=\frac{\|1+b_1(t)e^{-j\omega}+b_2(t)e^{-2j\omega}+\cdots+b_q(t)e^{-qj\omega}\|^2\sigma^2}{\|1+a_1(t)e^{-j\omega}+a_2(t)e^{-2j\omega}+\cdots+a_p(t)e^{-pj\omega}\|^2}$$

$$=\frac{\left|1+\sum_{k=1}^{q}\sum_{j=1}^{m}b_{kj}g_j(t-k)e^{-kj\omega}\right|^2}{\left|1+\sum_{k=1}^{p}\sum_{j=1}^{m}a_{kj}f_j(t-k)e^{-kj\omega}\right|^2}\sigma^2 \qquad (6-5-10)$$

其中，$\omega=\frac{2\pi f}{f_s}$，$f_s$ 为采样频率，σ^2 可由 $\hat{\sigma}^2=\frac{\sum_{t=p+1}^{N}v^2(t)}{N-p}$ 估计。

式(6-5-10)表明 TVARMA 模型的进化谱 $S_{\mathrm{ARMA}}(t,\omega)$为时间 t 和频率 f 的二元函数，因此固定时间区间和频率区间后便可依次计算各点对应的谱峰值并绘出三维图。提取谱峰最大点处所对应的各坐标值即可获得观测数据的谱特征值。

2）算例分析及对比

(1) 单分量信号：

$$y=\sin[2\pi(199.6+195.7t)t]$$

信号如图 6-5-7 所示，采样长度为 256，频率为 1000 Hz。特征提取过程按如下步骤进行：

① 选定长自回归阶次，并估计出输入白噪声序列。

② 选取模型阶次 p、q 和时间基类型及长度 m。

③ 依据模型系数辨识方法辨识模型系数及确定白噪声方差 $\hat{\sigma}^2$。

④ 谱估计及特征提取。

按如上步骤进行特征提取，选取 $p=3$，时间基为多项式基，长度 m 为 2，模型辨识结果如下：

$$x(t)+\sum_{k=1}^{p}\sum_{i=0}^{1}a_{ki}g_i(t-k)x(t-kT)=v(t)+\sum_{k=1}^{q}\sum_{i=0}^{1}b_{ki}g_i(t-k)v(t-kT) \qquad (6-5-11)$$

其中

$$[a_{1,0},a_{1,1},a_{2,0},a_{2,1},a_{3,0},a_{3,1},a_{4,0},a_{4,1}]$$
$$=[107.3081\ \ 2.2235\ \ -119.7698\ \ 137.9068\ \ 141.0729\ \ -64.8141\ \ -53.0353\ \ 3.7757]$$
$$[b_{1,0},b_{1,1},b_{2,0},b_{2,1},b_{3,0},b_{3,1},b_{4,0},b_{4,1}]$$
$$=[0.2717\ \ -3.6602\ \ 0.9357\ \ -2.8628\ \ 0.5543\ \ -3.7600\ \ 0.2338\ \ -2.2166]$$
$$v\sim N(0,0.4931)$$

为便于对比，分别采用 WVD 和 TVARMA 参数模型方法进行谱估计，如图 6-5-3 和图 6-5-7 所示。分别进行特征提取，WVD 提取值为(0.130，250，251.6751)，TVARMA 参数模型谱估计特征提取值为(0.123，248，228.5319)，显然，这两种方法的特征提取精度在误差允许范围内。

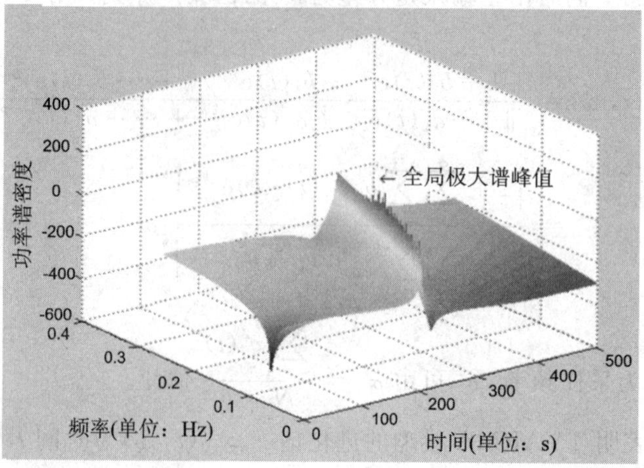

图 6-5-7　TVARMA 参数谱估计

(2) 多分量信号：

$$y = \sin[2\pi(199.6 + 195.7t)t] + \sin[2\pi(400 - 195.7t)t]$$

观测信号如图 6-5-4 所示。当选取长自回归阶次为 15，TVARMA(7，4)的时间基为多项式基，长度为 3 时，模型辨识结果如下：

$$x(t) + \sum_{k=1}^{4}\sum_{i=0}^{2} a_{ki} g_i(t-k)x(t-kT) = v(t) + \sum_{k=1}^{4}\sum_{i=0}^{2} b_{ki} g_i(t-k)v(t-kT) \tag{6-5-12}$$

其中，$v \sim N(0, 7.2779\text{e}-006)$。模型系数如表 6-5-2、表 6-5-3 所示。

表 6-5-2　AR 部分系数值

m \ p	1	2	3	4	5	6	7
0	16.2794	27.7291	42.7629	42.6332	41.6225	26.6239	15.2034
1	−3.4904	2.4830	31.3716	30.5851	30.7426	−0.2246	−4.1796
2	2.5534	−0.3748	−13.0357	−13.9059	−12.8928	0.6389	2.8638

表 6-5-3　MA 部分系数值

m \ q	1	2	3	4
0	−0.4595	0.8645	0.4610	−0.1825
1	9.0802	−0.5343	−9.7088	4.9915
2	13.1640	53.6775	50.3425	33.6219

依据模型辨识结果绘出谱图如图 6-5-8 所示。

提取谱特征值(0.2350，307，32.5874)。可见，与图 6-5-5 所示 SPWV 方法特征提取的误差在允许范围之内，证明所建立的模型的正确性。

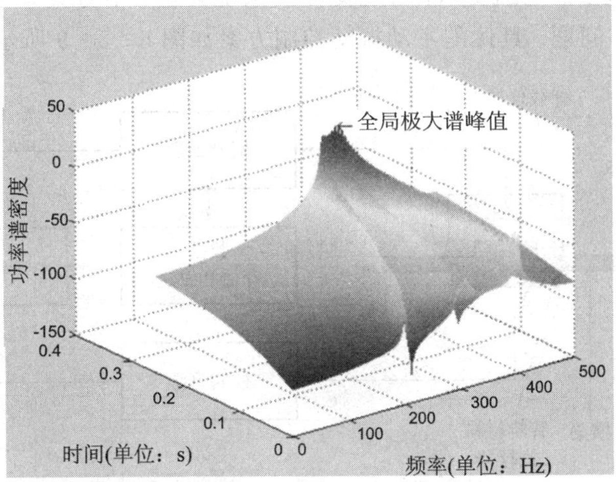

图 6-5-8　TVARMA 参数谱估计

利用 TVARMA 模型进行特征提取所得结果与上述结果相同，此处不再详述，可参见相关文献。

6.5.2　基于遥测信号参数模型的飞行器设备隔振控制方法

1. 飞行器设备的力学环境

运载火箭、导弹等飞行器的仪器设备在飞行和使用过程中所承受的力学环境可分为两类：一类是在运输、装卸、转运过程中要经历各种各样的力学环境，具有作用时间长、频率低的特点，容易导致产品的累积损伤，影响飞行器设备寿命；一类是在发射、飞行过程中所遇到的力学环境，具有影响因素多、随机性大的特点，容易造成仪器"失灵"或飞行器结构破坏。

为了提高飞行器设备应对飞行中复杂力学环境的能力，当前所采取的主要措施有：一是通过综合环境试验对飞行器设备进行严格筛选和试验，确保其可靠性；二是对仪器设计增加安全余量，进一步提高其在复杂力学环境下的可靠性；三是对飞行器设备采取隔振措施，主要包括硅橡胶灌封、聚氨酯泡沫固化、加减振器或减振垫等。其中，最后一种措施作为被动隔振措施是提高飞行器设备抵御恶劣力学环境能力最直接而有效的措施，具有结构简单、易于实现等优点，但却缺乏控制上的灵活性，对突发性环境变化应变能力差。

近年来，智能材料日益成为结构主动振动控制的新宠。它的出现使得在不显著改变仪器配置空间的前提下改善隔振控制效果成为可能。基于此，利用前节的非平稳数据建模方法建立遥测速变信号参数模型，设计飞行器设备的主动隔振控制方案。通过对飞行器设备振动信号的实时传感和建模、预测，主动振动控制系统可以促使飞行器设备产生某种位移信号，该位移与飞行环境引起的振动位移幅值相同、方向相反，从而抵消或减弱力学环境对飞行器设备的损害，提高飞行器设备应对复杂飞行力学环境的能力。

2. 基于遥测信号变权重组合模型的飞行器设备隔振控制方案

由于在实际结构控制中，通常由传感器测量结构响应，然后按某种控制算法计算所需控制信号，因此，当执行元件将控制力作用于结构时难免发生时滞效应。时滞的存在使得设计稳定系统响应的参数范围变窄，甚至使控制系统失稳。本方案基于预测控制原理，可以从根本上克服这一问题。具体的主动振动控制方案如图 6-5-9 所示。

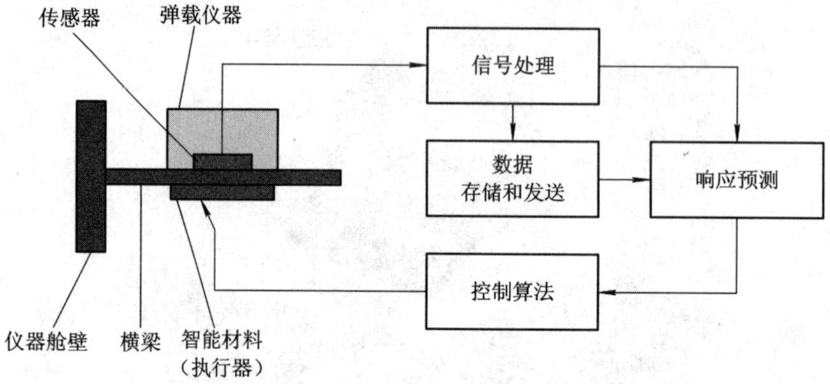

图 6-5-9　弹载仪器主动振动控制方案

该主动振动控制系统由传感器、信号处理、数据存储和发送、响应预测、控制算法和执行元件等组成。

传感器——测量横梁和弹载仪器构成的组合部件的结构响应(振动加速度)，并将其转换为电压信号输出。

信号处理——将传感器测量输出的电压信号重新转换为结构响应信号。

数据存储和发送——用于存储结构响应的若干历史观测数据，通过无线信道将结构响应数据传送至地面遥测站。

响应预测——根据当前时刻的结构响应和历史数据按数学模型预测下一时刻的结构响应。

控制算法——按执行器运动方程和一定的控制算法计算产生与预测响应幅值相同、方向相反的结构响应所需要的控制电压信号。

执行元件——通常为压电智能板、磁致伸缩材料等智能材料，主要功能是依据控制算法输出的电压信号产生相应的反向作用力，以抵消或减小弹载仪器的原始结构响应强度。

3. 控制算法与过程

假设执行器的 n 自由度的矩阵运动方程为

$$\boldsymbol{M}\frac{\mathrm{d}^2\boldsymbol{y}(t)}{\mathrm{d}t}+\boldsymbol{C}\frac{\mathrm{d}\boldsymbol{y}(t)}{\mathrm{d}t}+\boldsymbol{K}\boldsymbol{y}(t)=\boldsymbol{D}\boldsymbol{u}(t) \tag{6-5-13}$$

其中，$\boldsymbol{M}$、$\boldsymbol{C}$ 和 $\boldsymbol{K}$ 分别是 $n\times n$ 阶质量、阻尼和刚度矩阵，$\boldsymbol{y}(t)$是 n 维位移向量，$\boldsymbol{u}(t)$是 m 维控制力向量。$n\times m$ 阶矩阵 $\boldsymbol{D}$ 是控制力。

式(6-5-13)可改写为如下状态方程：

$$\frac{\mathrm{d}\boldsymbol{x}(t)}{\mathrm{d}t}=\boldsymbol{A}\boldsymbol{x}(t)+\boldsymbol{B}\boldsymbol{u}(t),\quad \boldsymbol{x}(0)=\boldsymbol{x}_0 \tag{6-5-14}$$

其中

$$\boldsymbol{x}(t)=\begin{bmatrix}\boldsymbol{y}(t)\\ \dfrac{\mathrm{d}\boldsymbol{y}(t)}{\mathrm{d}t}\end{bmatrix}$$

为 $2n$ 维状态向量；

$$\boldsymbol{A}=\begin{bmatrix}\boldsymbol{0} & \boldsymbol{I}\\ -\boldsymbol{M}^{-1}\boldsymbol{K} & -\boldsymbol{M}^{-1}\boldsymbol{C}\end{bmatrix},\quad \boldsymbol{B}=\begin{bmatrix}\boldsymbol{0}\\ \boldsymbol{M}^{-1}\boldsymbol{D}\end{bmatrix}$$

分别为 $2n\times 2n$ 阶系统矩阵、$2n\times n$ 阶控制器位置矩阵。式中的 $\boldsymbol{0}$ 和 $\boldsymbol{I}$ 分别表示 $n\times n$ 阶零矩阵和单位矩阵。

控制目标函数为

$$\begin{aligned}J=&[\boldsymbol{y}(t+1)+\bar{\boldsymbol{y}}(t+1)]^{\mathrm{T}}\boldsymbol{R}[\boldsymbol{y}(t+1)+\bar{\boldsymbol{y}}(t+1)]\\&+[\boldsymbol{u}(t+1)-\boldsymbol{u}(t)]^{\mathrm{T}}\boldsymbol{Q}[\boldsymbol{u}(t+1)-\boldsymbol{u}(t)]\end{aligned}\tag{6-5-15}$$

其中，$\boldsymbol{y}(t+1)$为下一时刻执行器的输出位移，$\bar{\boldsymbol{y}}(t)$为经组合预测模型预测后计算出的下一时刻的位移，$\boldsymbol{R}$ 和 $\boldsymbol{Q}$ 为加权矩阵。

控制过程是：首先，根据当前时刻振动加速度的实测数据对组合模型的子模型参数和权重进行更新，进而预测出 $t+1$ 时刻的振动加速度并进行二次积分，计算出对应的位移向量 $\bar{\boldsymbol{y}}(t+1)$；其次，通过使式(6-5-15)的控制目标函数最小计算出所需要的控制力；最后，将控制力施加于执行器，使之产生与 $\bar{\boldsymbol{y}}(t+1)$等值、反向的位移以抵消由外载荷引起的振动位移，从而起到振动控制的作用。

4. 控制仿真

采用某飞行器横梁测点的遥测速变信号对上述主动振动控制方案进行仿真实验，以验证其可行性。

原始信号、采用参数模型方法计算的预测模型输出及其误差曲线分别如图 6-5-10(a)、(b)和(c)所示，采样频率为 5120 Hz，采样点数为 1024。

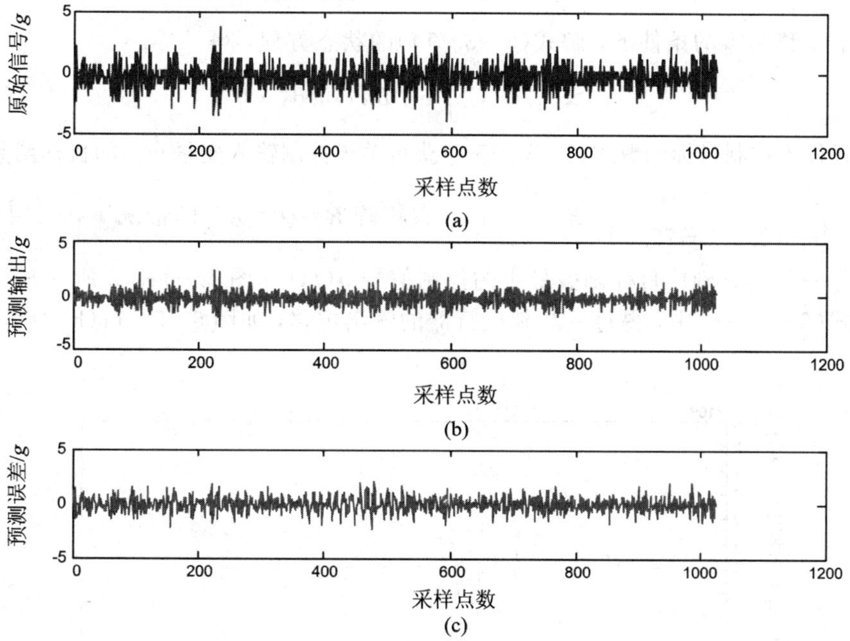

图 6-5-10　原始信号、预测输出及预测误差

由于传感器采集信号为振动加速度信号，因此需要对原始信号进行二次积分(设初始位移为 0)，得相应的位移曲线 $y_0(t)$，如图 6-5-11(a)所示。由于在控制过程中，需要产

生与原始响应等值、反向的控制力，因此，实际需要的执行器输出与图 6-5-10(c)的预测模型输出是等值、反向的。这样，可根据预测响应曲线(图 6-5-10(b))计算出执行器的参考轨迹 $\bar{y}(t)$，如图 6-5-11(b)中虚线表示的曲线。

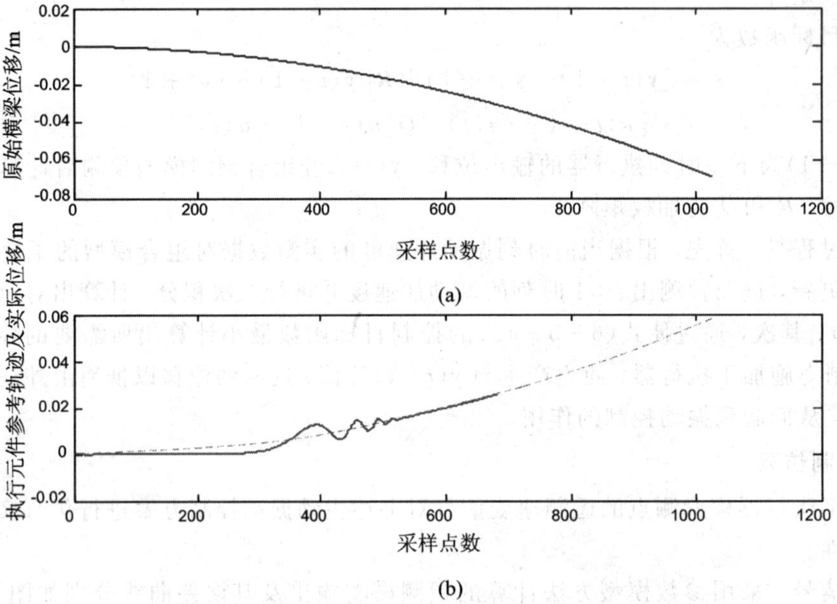

图 6-5-11 原始位移、预测位移及控制输出位移曲线

在初始位移为零的条件下，解式(6-5-14)的状态方程，得

$$\boldsymbol{x}(t)=\mathrm{e}^{t\boldsymbol{A}}\int_0^t \mathrm{e}^{-s\boldsymbol{A}}\boldsymbol{B}\boldsymbol{u}(s)\,\mathrm{d}s \tag{6-5-16}$$

将上式代入控制目标函数式(6-5-15)，获得关于控制输入变量 $\boldsymbol{u}(t)$ 的目标函数表达式。在 $\boldsymbol{A}=\begin{bmatrix}0 & 1\\ -72.5 & -72.5\end{bmatrix}$、$\boldsymbol{B}=\begin{bmatrix}0\\1\end{bmatrix}$ 且加权矩阵 $\boldsymbol{R}=\boldsymbol{Q}=0.5$ 的情况下，采用遗传算法依次搜索每一预测时刻使目标函数最小的控制信号 $\boldsymbol{u}(t)$（如图 6-5-12 所示），并将该控制力代入式(6-5-16)中，得每一时刻执行器的输出位移，如图 6-5-11(b)中实线表示的曲线。

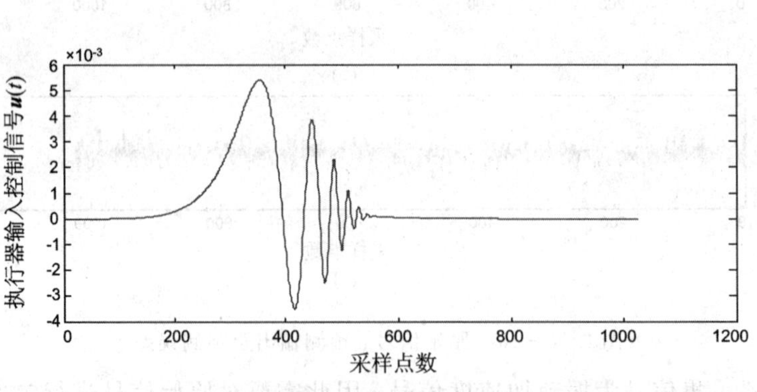

图 6-5-12 输入控制信号

由图 6-5-11 可以看出，执行器输出位移与预测模型输出位移在每一时刻均为反向的，与横梁原始位移也为反向的，因此当执行器作用于横梁时就可以起到抑制横梁测点位移的作用。经过主动振动控制后的横梁测点位移如图 6-5-13 所示。

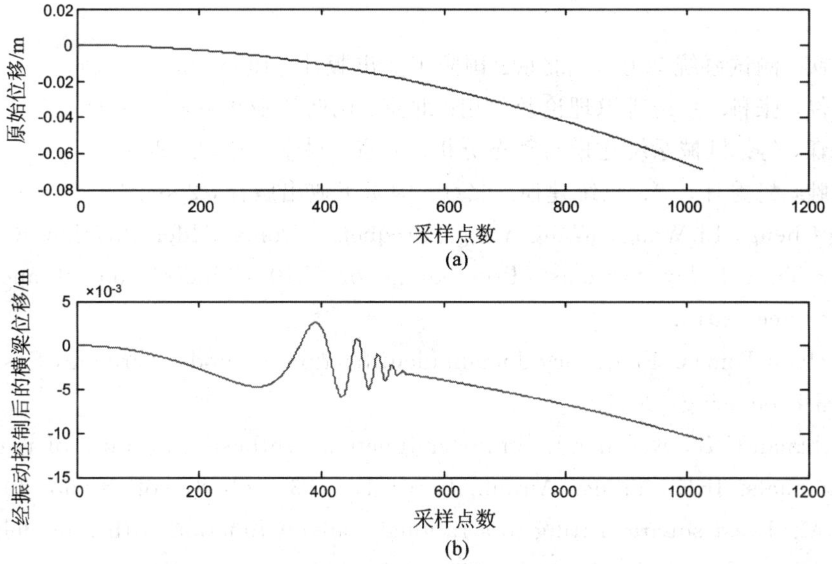

图 6-5-13　经振动控制后的弹载仪器振动位移

由图 6-5-10(b)可知控制系统是渐趋稳定的；而图 6-5-11 则表明当系统趋于稳定后，输入控制信号 $\boldsymbol{u}(t)$也趋于一恒值(约为 0)，这表明系统趋稳后，可靠自身“惯性”起到衰减振动的效果。由图 6-5-12 中的原始横梁位移与经隔振控制后的横梁位移曲线对比可知，尽管二者都呈现随时间逐步增大的趋势，但后者的增长趋势明显放缓。在控制区间内，横梁的最大位移较原始位移减小约 84.5%，而平均位移则减小 81.2%。

实验结果表明：控制方案理论上是可行的，经过主动振动控制后的横梁测点位移较未采取控制措施的测点位移有显著减小。

参 考 文 献

[1] 黄俊钦. 测试系统动力学. 北京：国防工业出版社，1996.

[2] 李言俊，张科. 系统辨识理论及应用. 北京：国防工业出版社，2003.

[3] 温熙森，等. 机械系统建模与动态分析. 北京：科学出版社，2004.

[4] 郭齐胜，杨秀月，等. 系统建模. 北京：国防工业出版社，2006.

[5] Peng Cheng，Li Wang，Wang Yong. Frequency Domain Identification of Fractional Order Time Delay Systems. Proceedings of 2010 Chinese Control and Decision Conference，2010.

[6] McKelvey Tomas. Frequency domain identification methods. Circuits，Systems，and Signal Processing，2001.

[7] Sanathanan C K，Koerner J. Transfer function synthesis as a ratio of two complex polynomials. IEEE Trans. Autom. Control，1963，vol. 8，vol. 8 (no. 1)：56－58.

[8] Lilja M. Least squares fitting to a rational transfer function with time delay. International Conference on Control. 1988：143－146.

[9] 郑作亚，黄瑊，卢秀山，等. 镜像映射在GPS数据处理中的应用. 上海航天，2003年(4).

[10] 秦永元. 机械系统动力学参数动态测试的频域辨识法. 机械科学与技术，第16卷第5期，1997.

[11] 方崇智，萧德云. 过程辨识. 北京：清华大学出版社，1988.

[12] 徐宁寿. 系统辨识技术及其应用. 北京：机械工业出版社，1986.

[13] 史维祥，尤昌德. 系统辨识基础. 上海：上海科学技术出版社，1988.

[14] 吴旭光. 系统建模和参数估计：理论与算法. 北京：机械工业出版社，2002.

[15] 卢秀山，吉星升，张金榜. 非等权观测的 Householder 参数估计方法. 山东矿业学院学报(自然科学版)，1999年第18卷第4期.

[16] Valerio D，Ortigueira M D，da Costa J S. Identifying a transfer function from a frequency response. Journal of Computational and Nonlinear Dynamics，2008，Vol. 3，(No. 2)：021207.

[17] Mahdavi M，Fesanghary M，Damangir E. An improved harmony search algorithm for solving optimization problems. Applied Mathematics and Computation，2007，Vo1. 188，(No. 2)：1567－1579.

[18] Ma S. HHT analysis of near-field seismic ground motion. Colorado School of Mines，2001.

[19] 王跃钢. 平台动基座标定中的参数辨识研究. 惯性技术学报，2003，11(2).

[20] 钮永胜，周庆东，郭振芹. 石英挠性加速度计的电激励频域建模. 传感技术学报，1998年6月第2期.

[21] 王跃钢，缪栋，秦永元. 平台稳定回路动态测试. 中国惯性技术学报，1993 第 4 期.

[22] 王跃钢. 多谐差相激励下导弹姿态控制系统自动化测试. 测试技术学报，1998(2).

[23] 李川，王跃刚，缪栋. 多谐差相信号激励下的系统参数辨识. 控制与决策，2003，18(18)：67－68.

[24] 张云鹏，缪栋，杨小冈，等. 镜像映射法及递推最小二乘法在 GPS 伪距导航定位解算中的应用. 全球定位系统，2004 年第 2 期.

[25] 王跃钢. 速率陀螺动态参数的精确估计. 中国惯性技术学会西北分会第三届学术交流会，1993 年 8 月.

[26] 王志贤. 最优状态估计与系统辨识. 西安：西北工业大学出版社，2004.

[27] 汪荣鑫. 随机过程. 西安：西安交通大学出版社，2006.

[28] 齐维贵，丁宝，朱学莉，等. 基于时频序列变换的系统频域法研究. 电工技术学报，2002 年第 17 卷第 6 期.

[29] 王跃钢. 导弹控制系统快速测试方法研究. 西北工业大学硕士学位论文，1993.

[30] 谢献忠. 结构动力学系统时域辨识理论与试验研究. 湖南大学博士学位论文，2005.

[31] Yuan Zhen dong. Some Complementary Relations Between Time Domain Method and Frequeney Domain Method for System Identifieation. CONTROL THEORY AND APPLICATIONS，Vol. 5，No. 4，1988.

[32] Ljung Lennart，Glover Keith. Frequency Domain Versus Time Domain Methods in System Identification. Automatica. Vol. 17，No. 1，1981，71－86.

[33] Wang Yuegang. Dynamic Test of Attitude Control System Excited by PRBS. Proceedings of The 3rd international symposium on Test and Measurement，1999.

[34] 韩心中，王跃钢. 复合环境下辨识加速度计误差模型的研究. 工业仪表与自动化装置，2007.

[35] 刘斌，王跃钢. 基于 NBP 算法的非线性系统辨识. 第二炮兵工程学院学报，2002，16(3).

[36] 王跃钢. 基于参数辨识的导弹控制系统自动化测试. 中国自动化学会第九届青年学术年会，1993 年 8 月.

[37] Miao B，Zane R，Maksimovic D. System Identificationof Power Converters with Digital Control Through Cross-Correlation Methods. IEEE Trans. on Power Electron，2005，20(5)：1093－1099.

[38] Cole H A. On-Line Failure Detection and Damping Measurement of Aerospace Structures by Random Decrement Signatures. NASA CR-2205，1973.

[39] Tao Ji Shi. Building the Gyroscope random drift model and identifying the parameter in software. Navigation and control，2004，3(1)：51－59.

[40] Yang wei qin，Gu lan. Time series analysis and Dynamic data modeling. Beijing：Beijing Institute of Technology Press，1988.

[41] 周晓尧，许化龙，蔡璞. 逆 M 序列激励下石英挠性加速度计传递函数的时域建模. 战术导弹控制技术，2006 年第 3 期.

[42] 黄俊钦. 静、动态数学模型的实用建模方法. 北京：机械工业出版社，1988.

[43] 张继志，黄俊钦. 线性系统传递函数频域辨识的一种方法. 北京航空学院学报，1983 年第 2 期.
[44] 吴召明，静大海，王芳. 一种工作模态参数的在线时域辨识方法. 机械工程与自动化，2006 年第 5 期.
[45] 宋文忠. 伪随机相关辨识的干扰误差抑制方法. 南京工学院学报，1980 年第 3 期.
[46] Mahmoud A，Al-Qutayri. Continuous Time Analog Filter Circuits Testing Using PRBS Input Vectors. Proceedings of the 12th IEEE Mediterranean. May2004：12 - 15.
[47] 房立军，韩江，屈胜利. 时域辨识在伺服系统中的实现与应用. 中国科技信息 2006 年第 2 期.
[48] 胡钢墩，李发泽. 惯性系统的时域在线辨识. 控制与决策，第 25 卷第 1 期，2010.
[49] 卜雄洙，范茂军. 测试系统动态参数的时域辨识. 南京理工大学学报，第 19 卷第 6 期，1995.
[50] 杜文启. 用阻尼最小二乘法的线性系统时域辨识. 西北电讯工程学院学报，第 14 卷第 3 期，1987.
[51] 胡昌华，许化龙，缪栋. PRBS：一种基于相关辨识的全惯性系统脉冲响应测试系统. 中国惯性技术学报，1993 年第 1 卷第 2 期.
[52] 田铮. 时间序列的理论与方法. 北京：高等教育出版社，2005.
[53] 杨位钦，顾岚. 时间序列分析与动态数据建模. 北京：北京理工大学出版社，1988.
[54] 张树京，齐立心. 时间序列分析简明教程，北京：清华大学出版社、北方交通大学出版社，2003.
[55] 郭秀中. 惯导系统陀螺仪理论. 北京：国防工业出版社，1996.
[56] Weng Hai na. Study on modeling for liquid-floated gyro drift. Journal of Chinese inertia technology，1999，6(7).
[57] Aryal Dilli R，Wang Yaowu. Time-series analysis with a hybrid Box-Jenkins ARIMA. Journal of Harbin Institute of Technology，2004.
[58] 徐洪涛，王跃钢. 基于系统冲击响应的时间序列建模方法，探测与控制学报，2010 年第 6 期.
[59] 王新国. 光纤陀螺测试与建模方法研究. 第二炮兵工程学院硕士学位论文. 2005.
[60] 李敏，宋凝芳，张春熹，等. 采用相关辨识的光纤陀螺动态特性测试方法. 红外与激光工程，Vol. 40 No. 4，2011.
[61] Yang Peipei，Li Qing. Modeling of MEMS Gyro Drift by Time Series Analysis. Proceedings of the Second International Symposium on Test Automation & Instrumenta. 2008.
[62] 杨叔子，吴雅，等. 时间序列分析的工程应用. 武汉：华中理工大学出版社，1991.
[63] 王宏禹. 非平稳随机信号分析与处理. 北京：国防工业出版社，1999.
[64] 邓卫强. 时变参数模型及其在导弹遥测速变信号中的应用. 第二炮兵工程学院博士学位论文，2011.
[65] Rojo-Alvarez J L，Martinez-Ramon M，Prado-Cumplido M D et al. Support Vector

Method for Robust ARMA System Identification. IEEE Transactions on Signal Processing, 2004, 52(1): 155-164.

[66] Coulon M, Chabert M, Swami A. Detection of Multiple Changes in Fractional Integrated ARMA Processes. IEEE Transactions on Signal Processing, 2009, 57(1): 48-61.

[67] 曾珂，牛荻涛. 基于时变 ARMA 序列的随机地震动模型. 工程抗震与加固改造，2005，27(3)：81-86.

[68] 王文华，王宏禹. 非平稳信号的一种 ARMA 模型参数估计法. 信号处理，1998，14(1)：33-38.

[69] 邓卫强，王跃钢. 一种改进的 ARMA 模型参数估计方法. 振动、测试与诊断，2011 年第 3 期.

[70] 邓卫强，王跃钢. 时变参数模型谱估计在导弹遥测信号特征提取中的应用. 战术导弹技术，2011 年第 2 期.

[71] 邓卫强，王跃钢. 短非平稳时间序列 TVAR 模型参数 PLS 估计方法. 统计与决策，2011 年第 2 期.

[72] 邓卫强，王跃钢. 用多项式逼近理论的时变权重组合预测方法及其应用. 噪声与振动控制，2011 年第 4 期.

[73] 王跃钢，邓卫强，单斌. 基于改进支持向量机的 TVARMA 模型. 传感技术学报，2011 年第 10 期.

[74] 丘建勇. 基于 RBFNN 的 TVAR 参数模型辨识与应用. 汕头大学硕士学位论文，2006.

[75] Alzaman Abdullah, Ferdjallah Mohammed, Khamayseh Almed. A New TVAR Modeling in Cascaded Form for Nonstationary Signals. ICASSP, 2006, Vol. 3: 353-356.

[76] Hopgood James R, Evers Christine. Block-Based TVAR Models for Single-Channel Blind Dereverberation of Speech from a Moving Speaker. IEEE/SP 14th Workshop on Statistics Signal Processing, 2007: 274-278.